住民主権の都市計画
逆流に抗して

NPO法人区画整理・再開発対策全国連絡会議 編
岩見良太郎・波多野憲男・島田昭仁・今西一男・遠藤哲人 著

自治体研究社

まえがき

　本書は、区画整理・再開発対策全国連絡会議結成50周年の記念事業として刊行するものである。

　この全国連絡会議半世紀の歴史には、各地で住民運動をたたかった人々の苦闘から生み出された、知恵と教訓の膨大な蓄積がある。記念出版を企画したのも、こうした50年にわたる住民のたたかいに凝縮された、運動の経験と教訓、そして見いだされた課題をまとめ、次なる"まちづくり住民運動50年"に伝えたいと願ったからである。

　しかし、いわゆる『50年の歩み』といった類の記念誌的なものにはしたくない、できるだけ経験から深く学び、これからの運動の課題と展望を示せるような本をつくりたいというのが、世話人会一同の意見であった。本書が理論書的な形式をとった理由である。

　区画整理・再開発住民運動は、歴史的にも異色の住民運動である。

　全国各地の住民運動が、それぞれの地域に根ざし、不断のくらしを続けながら、10年、20年とたたかいを続けていく、同時に、それら全国各地の運動は、横につながり、互いに学びあい、励ましあう。一つの地域の運動が終わっても、また、別の地域で、新たな運動がうまれ、次々とバトンタッチされてきた。こうして、50年もの長い、まちづくり住民運動の歴史がつくられてきたのである。

　区画整理・再開発住民運動は、くらしの真っただ中において、くらしの視点から、開発・都市計画の問題を問いつづけてきた。そして、あるべき、住民自治、住民主権のまちづくりの姿を追い求め、その実現に向け日々、実践をつみ重ねてきた。区画整理・再開発住民運動の歴史的意義は、まさに、くらしの一部、くらしの延長としてのたたかいにあったことが、改めて確認されなければならない。

私事で恐縮であるが、筆者は、大学院に入学したときから50年、この運動に関わらせていただいてきた。私の研究課題、問題意識は、すべて、この運動の中にあり、この解決に向けての研究であった。自分の人生と区画整理・再開発住民運動を重ねることができたことは、幸運としかいいようがない。他の執筆者もおそらく、同じ思いであろう。本書は、こうして、それぞれが取りくんできた、研究の一つの総括である。

　本書が、区画整理・再開発住民運動の新たな前進に、少しでも貢献できればというのが、執筆者一同の願いである。

　なお、この記念出版事業のために、「出版事業資金の募金」をお願いしましたが、多数の方々から、募金をお寄せいただきました。こうして刊行にこぎつけることができましたのも、皆様方のあたたかいお励ましと、ご支援のたまものです。この場をお借りし、改めて御礼申し上げます。

　また、本書の出版の労をとってくださった自治体研究社の寺山浩司さん、同社のみなさま方に、心より感謝申し上げます。

　2019年9月

NPO法人区画整理・再開発対策全国連絡会議

代表　岩見良太郎

住民主権の都市計画
──逆流に抗して

［目次］

まえがき　岩見良太郎　3

I　区画整理・再開発における共同性と
まちづくりの可能性……………………………岩見良太郎　9

　　1　共同性の三つの層——その歴史的生成　9
　　2　共同性の構造転換——自由主義の反逆　13
　　3　共同性の再転換——〈場のまちづくり〉をめざして　21
　　まとめ　31

2　住民運動が問う都市計画の「公共性」……波多野憲男　35
　　——都市計画の民主主義を求めて

　　1　「住民主権のまちづくり」　36
　　　　——区画整理事業に対する住民運動の主張から
　　2　都市計画の土地利用計画の「公共性」　42
　　　　——都市計画における民主主義の問題として
　　結びにかえて　53
　　　　——「住民合意」による「計画」を目指して

3　『区画・再開発通信』に見る
「公共観」の変遷………………………………島田昭仁　59
　　——20世紀から21世紀にかけて何が変わったか

　　序　討議型都市計画論はどこへ　59
　　1　都市計画は技術知か実践知か　60
　　2　討議型都市計画論のもたらしたもの　62
　　3　コミュニティの公共観を認識する技術　63
　　4　コトバを分析する手法　64
　　5　『区画・再開発通信』に見る公共観の変遷　66
　　6　居住点の思想は絶対精神になりえたか　76

4　区画整理住民運動と地域空間の
自主的コントロール………………………今西一男　81
——共同性を模索した50年

序　区画整理住民運動をめぐる状況変化と本稿の目的　81

1　『区画・再開発通信』に見る地域空間の
自主的コントロール　85

2　事業のなかでの地域空間の形成に関する
主張、辻堂南部の経験［1970年代］　88

3　なお困難な区画整理のなかでの地域空間の自主的
コントロール、辻堂南部から富士見町へ［1980年代］　91

4　区画整理の減少のなかでの地域空間の形成に
対する画期的な動き［1990年代］　95

5　地域空間の自主的コントロールに向けた
転機［2000年代以降］　97

まとめ　101
——区画整理住民運動と地域空間の自主的コントロールの系譜

5　区画整理と未完の小住宅地対策 ……………遠藤哲人　109
——土地利用のライフサイクルと制度の永続性との狭間で

1　人々の土地にかける気持ち、暮らしは変化する　110
——東京の田園都市・たまプラーザ美しが丘2丁目で

2　なぜ小住宅地対策は制度化されなかったか　111

3　照応原則をめぐる理解　117

4　共同性のライフサイクルとまちづくり　131

あとがき　今西一男　137

付録　区画整理・再開発対策全国連絡会議50年史概要版　139

I 区画整理・再開発における
共同性とまちづくりの可能性

岩見良太郎

　区画整理・再開発対策全国連絡会議は、半世紀にわたり、くらしと環境破壊の理不尽な土地区画整理・市街地再開発事業（以下「区画・再開発」と略記）とたたかってきた。と同時に、発足当初から住民主体のまちづくりをかかげ、それを究極の目標として追求してきた。しかし、はたして、区画・再開発は、まちづくりへ転換する可能性はあるのか。あるとすれば、その根拠はどこにあるのか。そもそもまちづくりとは何か。筆者が抱き続けてきた問いである。

　本稿はこの問いに対する一つの答えである。

1　共同性の三つの層
──その歴史的生成

　筆者は、区画・再開発のまちづくりへの転換の可能性の根拠を、共同性にもとめたい。なぜならまちづくりは、住民による主体的な、共同的取り組みであり、区画・再開発は、その本質として、この共同性をそなえているからである。

　しかし、共同性の態様は、時代の要請とともに変わってきた。大きく開発利益共同性、都市計画共同性、まちづくり共同性の三つの層が

区別される。ここでは、区画整理に即して概観するが、以下説明する三層構造は、基本的に、再開発にもあてはまる。

1 開発利益共同性

区画整理は、日清戦争以後の都市化の波に乗り、東京や名古屋など、大都市の近郊で、はじまった。それは、もっぱら開発利益の獲得を目的とした宅地造成事業として取り組まれた[*1]。こうした区画整理にみられる、開発手法としての特質は、土地権利者による共同開発という点にある。不動産資本[*2]や個人が単独で開発をおこなうのではなく、土地権利者が共同で開発をおこなうのである。

区画整理が共同開発という形式をとるのは、それによって、私的所有の限界、つまり、小規模、分散開発という限界を突破し、より多くの開発利益を獲得するためである。したがって、こうした区画整理の共同性は、その目的から、〈開発利益共同性〉と名づけることができる。また、その主体は、開発利益の獲得に利害関心をもつ土地権利者（〈開発利益指向土地権利者〉とよぼう）である。

区画整理では、土地は、いわば資本として出資され、それらの権利関係は、いったん、ご破算にされ、単一の土地＝資本にまとめられる。そして、開発がなされた後、そこで生みだされた開発利益が、出資資本とともに、出資額に応じて再分配される。この投下資本の回収と開発利益の分配の形式が、換地にほかならない。

換地処分をもって、共同性は解かれる。土地の処分は、個々の権利者に委ねられ、開発利益の実現は、私的行為としてなされる。区画整理における〈開発利益共同性〉は、開発利益の獲得という目的が達成されれば終了する。すなわち、〈開発利益共同性〉は、手段としての共同性にすぎず、一過的共同性といえる。

再開発は、当初から、次にのべる〈都市計画共同性〉が組み込まれ

ており、区画整理のように、純粋に〈開発利益共同性〉が実現されることはなかったが、組合施行再開発には、それに近いかたちがみられる。

2 都市計画共同性

区画整理の目的は、当初、開発利益の獲得にあった。しかし、1919年、旧都市計画法が制定され、そこに組み込まれるとともに、新たに都市計画という目的が付け加えられた。同法第12条は、「都市計画区域内ニ於ケル土地ニ付テハ宅地トシテノ利用ノ増進ヲ図ル為土地区画整理事業ヲ施行スルコトヲ得」とある。区画整理の目的は、開発利益の獲得という私的目的と都市計画という公共目的に二重化されるにいたったのである[*3]。

では、都市計画とは何か。同法第一条で、「本法ニ於テ都市計画ト称スルハ交通、衛生、保安、防空、経済等ニ関シ永久ニ公共ノ安寧ヲ維持シ又ハ福利ヲ増進スル為ノ重要施設ノ計画ニシテ市ノ区域内ニ於テ又ハ其ノ区域外ニ亙リ施行スヘキモノヲ謂フ」と規定している。区画整理は、たとえ宅造目的であっても、同時に、「公共ノ安寧ヲ維持シ又ハ福利ヲ増進スル」という都市計画の目的に適合しなければならない。区画整理は、道路や公園といった公共施設の都市計画を無視して施行することは許されないのである。これは、開発利益指向土地権利者にとっては、開発利益の最大化という区画整理本来の目的が制約されることを意味する。都市計画にしたがえば、公共用地は増大し、開発利益が削減される可能性があるからである。

したがって、都市計画制度への組み入れは、法的強制力をともなわざるをえない。たとえば、当初、旧都市計画法第13条では、間接的にではあるが、都市計画の強制が次のように謳われていた。

1 区画整理・再開発における共同性とまちづくりの可能性　11

第十三条　都市計画トシテ内閣ノ認可ヲ受ケタル土地区画整理ハ認
　　可後一年内ニ其ノ施行ニ着手スル者ナキ場合ニ於テハ公共団体ヲ
　　シテ都市計画事業トシテ之ヲ施行セシム

　ある都市計画の目的を実現するために、区画整理を都市計画決定し
ても、施行地区内の土地権利者が、自主的に実施しようとしない場
合、公共団体が施行者となって区画整理を実施するというしくみであ
る。このように、あくまで都市計画事業としての区画整理を実施する
のは、民間であるという建前がとられていた。都市計画の強制は、当
初、ひかえめであり、いわば、間接的な強制方式がとられていたので
ある。しかし、震災復興事業の特別都市計画法で、行政庁が新たに施
行主体として認められることになり、行政庁は直接、区画整理を施行
することができるようになった。土地所有者の自主性は完全に排除さ
れるにいたったのである。
　区画整理が都市計画に包摂されるとともに、区画整理の共同性も二
重化される。〈開発利益共同性〉と〈都市計画共同性〉である。〈都市
計画共同性〉とは、地域環境の向上という目的に向けての共同性であ
る。ちなみに、再開発は、都市計画法で、市街地開発事業の一つとし
て位置付けられ、制度発足の当初から、この二重の共同性は、組み込
まれていた。
　しかし、開発利益指向土地権利者は、都市計画には無関心である。彼
らには、〈都市計画共同性〉は、行政権力により、一方的に押し付けら
れた、ひとつの外的強制にすぎない。

3　まちづくり共同性
　以上の議論では、区画整理の担い手として、開発利益指向土地権利
者を想定してきた。しかし、区画整理は、土地・建物を生活手段とし

て所有・利用する生活者としての土地権利者（〈生活指向土地権利者〉とよぼう）をも巻き込む。

　〈生活指向土地権利者〉にとって、〈開発利益共同性〉と〈都市計画共同性〉という二重の共同性との対立は避けられない。彼らは、開発利益の獲得には関心を示さない。したがって、彼らには、〈開発利益共同性〉は、土地を取り上げるために持ち込まれた、完全なフィクションとして映る。また、生活者にとって、都市計画はきわめて大きな関心事であるが、現在の都市計画は、地域とくらしの向上という、都市計画本来の公共性をそなえていない。むしろ、経済的・政治的利益をめざす、ごくわずかの人々の利益に奉仕する道具にみえる。それゆえ、住民には、都市計画は、虚偽の公共性を口実とした、一つの強制として映り、それに抵抗する。ここに、都市計画を真実のものにしようとする、〈まちづくり共同性〉が対置されるにいたるのである。この共同性は、地域とくらしをよりよくすることをめざす、内発的共同性である。それは、〈開発利益共同性〉の発現を抑制し、〈都市計画共同性〉を住民主体のそれに変えようとする運動をよびおこす。

　こうした〈まちづくり共同性〉をめざす住民運動は、戦前では、関東大震災の復興事業で大々的に繰り広げられ、戦後では、1960〜70年代に全国各地で開花した。都市計画制度も、それを支える方向で改革がなされてきた。地区計画（1980年）の成立はその頂点をなす。しかし、以後、新自由主義が都市計画に持ち込まれるとともに、大きな逆流が生じ、共同性の構造転換がひき起こされるのである。

2　共同性の構造転換
──自由主義の反逆

　これまでの共同性の構造は、〈まちづくり共同性〉による、〈都市計

画共同性〉の民主化ならびに〈開発利益共同性〉の制限として特徴づけることができる。それが、新自由主義の登場によって壊され、〈開発利益共同性〉の至上目的化、その実現のための〈都市計画共同性〉の破壊、〈まちづくり共同性〉の抑圧へと、"共同性の構造転換"が推し進められていくのである。

1 資本主導による公共性と共同性の再構築

　この共同性の構造転換を導いた新自由主義は、端的にいえば、資本が主導し、資本に官が仕え、それを補完する社会を目指すものである。1980年代以降、そうした社会の実現に向け、三公社の民営化や民活・規制緩和等の改革が急速に進められていったが、それは、橋本龍太郎六大改革（行政改革・経済構造改革・財政構造改革・社会保障構造改革・金融システム改革・教育改革）にみるように、全面的な構造改革へ向かうものであった。

　しかも、注意すべきは、こうした構造改革は、新自由主義改革の理論的到達点をなす「行政改革会議最終報告」（1997年12月3日）に記されたように、国民の意識改革をも、射程に収めたものであった。国民を、行政に依存しない、「自立的な個人」に変え、競争と市場原理を進んでうけいれる、いわば〈企業的市民〉の創出が、目標に掲げられたのである。

　21世紀に入り、新自由主義的改革はさらに加速されていく。小泉純一郎内閣は、「聖域なき構造改革」を掲げ、矢継ぎ早に実行に移していった。

　まちづくりに直結する自治体改革では、行政の効率化・民間市場化をはかるため、規制緩和と市場化・民間開放（民営化・地方独立行政法人化・民間委託・指定管理者制度・市場化テスト等）が進められた。民間には、企業とともにNPOや住民組織も含まれている。自立した

企業的市民の育成という名目の下、行政負担の軽減のため、彼らを公共サービスの新たな担い手に組み入れていくことが意図されているのである。

2 資本主導の開発利益共同性

こうした新自由主義改革は、開発行政にも持ち込まれ、区画・再開発、そして都市計画のかたちを大きくかえていく[*4]。資本主導のしくみが強化されていくのである。

区画整理では、1982年頃から徐々に普及しはじめた業務代行方式、第三者施行・参加組合員制度（1988年法制化）があげられる。いずれも、資本力、企画力、販売力等といった土地所有に対する、自らの優位点をテコに事業に参入して、イニシャティブを握り、有利な条件で区画整理後の宅地を獲得することをねらったものである。たとえば、業務代行方式は、民間業者が保留地の取得を条件として、区画整理組合からの委託にもとづき、区画整理の業務を代行する方式である。代行者のほとんどは、ゼネコン・ディベロッパーである。今世紀に入っては、都市再生を背景に、区画整理会社施行が制度化された（2005年）。

再開発においても、区画整理とほぼ同様のしくみが形づくられていったが、とりわけ注目すべきは再開発会社の創設である。再開発会社は、用地買収型の2種再開発事業の施行主体としても認められ、収用権も付与されることになった。これは、「公共の福祉の増進」（都市計画法）のために、私的利益を制限するという、従来の「公共性」概念を根底から揺るがすものであった。特定建築者制度（1980年）の拡充（1999年）は、法によらない事業協力者制度と一体となって、大手開発資本が、再開発を支配する強力な道具となっている。

見逃しがちであるが、個人施行の事業認可及び組合設立認可を、自由裁量行為から羈束裁量行為に変更した、1999年の都市再開発法第17

条の改正も大きい。たとえば組合施行の場合、それまで、地権者の3分の2の同意等、認可基準を満たしていれば、都道府県知事は、「認可することができる」となっていたのが、「認可をしなければならない」に変えられたのである。資本に主導された「共同性」は、住民を開発事業に巻き込み、開発企業が開発利益を横領する、一つのしかけにほかならないのである。

　しかし、区画・再開発における資本権限の拡大は、資本が最大限の開発利益を獲得しうるための第1の条件を満たしたにすぎない。可能な限りの「開発自由」の保証という、もう一つの条件が不可欠である。区画整理における自由な換地制度[*5]、再開発における自由な権利変換の拡充が、それである。

　「自由な換地」とは、「照応原則」に拘束されない換地である。土地の価値は、すべて貨幣価値に還元され、「価格照応原則」にしたがって換地がなされる。開発利益の最大化を追求する、原型的な区画整理で想定されるのは、「自由な換地」である。それが、新自由主義的な都市開発政策の下で駆使されるようになったのである[*6]。

　その手法としてはさまざまなものが編み出されていった。たとえば、バブル期に創設された、「大都市地域における宅地開発及び鉄道整備の一体的推進に関する特別措置法」、いわゆる宅鉄法（1989年）にもとづく一体型区画整理がある。つくばエクスプレス整備・周辺開発に活用された手法だ。沿線の農家から約4割を買収、区画整理で鉄道敷地に集約換地し、保留地と合わせて鉄道用地を確保するしくみだ。ちなみに減歩率は、沿線開発地域全体で平均約4割、開発面積約1万ha、事業費は鉄道建設費のみで1兆円を超えた。

　バブル崩壊直後の1992年に出された都市計画中央審議会答申「経済社会の変化に対応した計画的な市街化の方策、特に土地区画整理事業による市街地整備のための方策はいかにあるべきか」（以下：「92年答

申」）では、さまざまな自由な換地制度が提案され、実施に移されたが、そこには、新自由主義の発想が色濃く表れている。いくつか紹介しよう。

　イ　住宅先行建設区制度──①施行地区全体の宅地利用を先導するのに効果的な区域として「宅地利用促進区」を設定、早期の宅地利用を希望する権利者の宅地については、その申し出にもとづき、当該区域内に換地を定める。②まちづくりの核となる公益的施設等の用地を計画的に確保するため、公共団体等の先買地を集約換地する、といった二つの内容からなる。これら二つの措置により、分譲までの時間短縮＝資本の回転率の最大化を図るのである。
　ロ　立体換地制度の活用──「建築物整備の初期投資のリスクの軽減と土地の共有化による建築物の適正規模の確保を図り、権利者の先導的な宅地利用意欲（テナントビル経営、賃貸住宅経営等）を誘導すること」（92年答申）をめざしたものである。ちなみに、立体換地手法は、土地区画整理法の中で、当初からうたわれていたが、その目的は、過小権利者対策にあった。
　ハ　区画整理と再開発の一体施行
　ニ　ツイン区画整理──密集市街地と新市街地の区域を一つの土地区画整理事業施行地区として設定し（それぞれは工区とみなされる）、権利者の申し出により、前者から後者への大幅な工区間飛び換地を制度として認める手法である。

　こうした大胆な「自由な換地」とともに、見落としてならないのは、ミクロな区画整理への「自由な換地」の導入である。
　たとえば、1999年に創設された沿道整備街路事業。これは、幹線街路整備をより柔軟に行うため、施行地区を敷地レベル単位で設定し、

換地による宅地の入れ替を行うものである。また不良資産と化した地上げ地をまとめ有効利用をはかるための、敷地整序型土地区画整理事業（1998年）、および街区高度利用土地区画整理事業（1994年）がある。前者は敷地の入れ替えをおこなうもの、後者は小さな街区を廃止して、高層ビルなどが建築可能となるようスーパーブロック化し、そこへ地上げ地を集合換地とすることを目的としたものである。さらには、街なか再生土地区画整理事業があげられる。その基本的役割は宅地の入れ替えにある。すなわち、換地手法により、空き店舗などの用地を集約し、そこに新たな商業集積および駐車場や福祉・文化等の公共公益施設、共同住宅等を整備できるよう、条件整備を行うものである。

　もっとも、これら小規模な区画整理における自由な換地手法は、〈生活指向土地権利者〉のまちづくりに生かすことは可能である。二面性をもっていることに留意する必要があろう。

　なお、権利変換については、"自由な"という形容詞をつけることは、ほとんど不要といえるだろう。そもそも、照応原則のような制約をもたず、はじめから自由な手法であるからだ。その最たるものは、都市再開発法第110条の全員同意型の権利変換である（1988年の改正で、公共団体施行にまで、適用が拡大された）。これによれば、等価交換という原則さえ無視し、自由な権利変換が可能となるのである。

　以上のような、資本主導への改変は、区画・再開発の事業制度の内部にとどまらない。同時に、都市計画のしくみも、大きく、資本本位に再編されていくのである。

3　解体される都市計画共同性

　良好な都市環境の形成のために、住民が相互に土地利用規制をおこなうというのが都市計画であるが、新自由主義は、資本利益のために、

土地利用規制を解除していく。80年代の初め、中曾根康弘内閣のアーバンルネッサンスによって、口火を切られた都市計画の規制緩和である。

　都市計画の規制緩和で著しい拡張をみたのは、開発プロジェクトに限定して適用される特定規制緩和だ。四つの主要規制緩和手法（総合設計、特定街区、高度利用地区、再開発等促進区）をはじめとして、用途別容積型地区計画（1990年）、街並み誘導型地区計画（1995年）、連担建築物設計制度（1998年）、特例容積率適用地区（2001年）等々、そのメニューは、増え続けている。しかも、それらの制度における緩和条件は拡張され、緩和の強度は強められてきた。こうした特定規制緩和は、まさに、特定の開発企業に巨大な利潤をもたらすという点において、一般的な規制緩和と区別されるのである。

　都市計画の立体化も、開発自由を拡大するという意味で、都市計画の規制緩和策の一つといえる。公共施設の立体配置を可能にする、立体道路（1989年）、大深度地下（2000年）、立体都市計画（2000年）といった諸制度である。これらは、公共施設を地下・上空に設け、公共施設の上下の空間を開発空間として開放することによって、さらに民間の開発可能空間を拡張するのである。

　今世紀に入り、都市計画の規制緩和は、都市再生の開始とともに、新たな段階に入った。国の「選択と集中」政策の一環として、強力な規制緩和が進められるにいたったのである。都市再生の法的な裏付けをなすのが、2002年制定の都市再生特別措置法（以下：都市再生法）であるが、その主眼は、「都市の国際競争力の強化」にある。

　都市再生法は、それまでの都市計画法制を大きく揺るがすものであった。1980年代のナカソネミクス以降、都市計画法制の解体が進められつつあったが、都市再生法の成立は、これを一挙に加速したのである。

大きく二つの点で都市計画法制の改変がなされた。一つは、内閣総理大臣を本部長とする都市再生本部の創設をはじめとして、国の強い主導性の下に、都市再生を進めるための仕組みづくりがおこなわれたことである。もう一つは、開発企業を支援するため、都市再生緊急整備地域制度の導入により、特定エリアにおいて都市計画の大幅な規制緩和を認める仕組みが整えられたことである。とりわけ、都市再生特区の創設と都市計画手続きの迅速化は、開発企業への強力な支援策となっている。前者は、既定の都市計画を反故にし、大幅な容積率緩和等、新たな都市計画を定めるものである。また、後者は、開発企業から、地権者の3分の2の同意を得て、都市再生特区等、都市計画提案がなされた場合、自治体は6カ月以内に、同都市計画の採否を決定しなければならないという仕組みである。

　さらに、2013年の国家戦略特別区域法によって、規制緩和が拡大された。開発企業も参加する区域会議において、特定の都市計画プロジェクトが国家戦略特区の事業として認定され、ワンストップで都市計画手続きが進められるしくみが創設されたのである。国家戦略特区は、まさに都市計画の大企業治外法権地区といえる。

　一部の大手開発企業の利益のために、国家を後ろ盾に、規制緩和という、都市計画の解体が進められているのである。都市計画の公共性、〈都市計画共同性〉は、開発資本の私的利益最大化、独裁に置きかえられた。その反射として、住民主体のまちづくりは抑圧・放置されていくことになる。

4　抑圧・虚構・自助のまちづくり共同性

　自治体行政の市場化によって、区画・再開発の全プロセスのほとんどが、開発資本に委ねられることで、自治体は後景に退き、責任放棄をきめる。情報公開もなされないことから、住民は、事業に対し、発

言権を奪われる。都市計画事業を、自らの私的利益のためにおこなう開発資本が公共性をさんだつするのである。

　行政は、もっぱら、こうした私的開発企業を支援するが、都市計画の本来の目的である、住民のくらしと地域環境の向上のためのまちづくりについては、「自主性尊重」という名の下に、自己負担・自己責任がとなえられる。自治体の責任放棄が公然とおこなわれている。新自由主義によって、1960～70年代に芽生えた、〈まちづくり共同性〉は、大きな逆流に直面するにいたったのである。

　新自由主義的な都市づくりは、まち破壊以外のなにものでもない。区画・再開発が、真にゆたかなくらしをもたらす都市をつくり上げていくには、再度、共同性の構造転換がめざされなければならない。

3　共同性の再転換
——〈場のまちづくり〉をめざして

　共同性の再転換は、1970年代に芽生えた住民主体のまちづくりの発展として展望されるが、その単なる強化によってではなく、より高次なとりくみとして実現される。筆者はそれを、〈場のまちづくり〉[7]として、提示したい。

1　人口減少社会が開く、住民主体のまちづくりの新たな可能性
—〈場のまちづくり〉

　今後ますます加速される人口減少・超高齢化社会の下では、かつてのように、人や構造物が大きなエネルギーに突き動かされながら、激しいスピードで変貌していくことはありえない。都市はゆるやかに変化していくはずである。人の移動も少なくなり、定住志向はより強まっていくであろう。他方、自由な時間はゆたかになり、空地・空き家等、

1　区画整理・再開発における共同性とまちづくりの可能性　21

空間的なゆとりも増していくことは確実である。これらは、新たなまちづくり資源とみなすことができる。こうした状況を前に、どのようなまちづくりを進めていくかが、いま、さし迫った課題として、問われているのだ。

ビッグプロジェクトをテコに大きく地域のフレームを変えていくという、これまでの都市改造的な発想は有効性を失うことは明らかだ。むしろ、まち破壊を促進すると思われる。にもかかわらず、政府は、立地適正化計画に代表されるように、大規模開発・資本主導のコンパクトシティ化を強引に進め、都市構造の大きな組み換えを進めようとしている。

これに対置される、住民主体のまちづくりが目ざすべき方向は、地域における、個々人のくらしを尊重し、地域で生じるわずかな変化をとらえて、それを新たなまちづくり資源として活用し、都市の質の向上に結び付けていくことである。

こうしたまちづくりの新たな発想は、わずかではあるが、共有されつつある。たとえば、T. ジーバーツ（2017、p.102）は、「比較的小さなスケールでの処置」「きめ細かい粒子」の取り扱いの重要性を指摘している。「雑多な未利用空間の取り扱い、再評価、遊休資源を見直し、再利用する」、「維持、修繕、再生などの、小さいが必要な無数の処置を通じて真の変化」をもたらすという、まちづくり戦略である。

饗庭（2015、p.161）も、人口減少時代においては、「都市を成長させるという共通の目的の力が弱ま」ると指摘する。個々の空間単位は、一律の原理で、同方向に動いていくのではなく、さまざまな原理に突き動かされながら、多様な方向性とスピードをもって動いていくと考えるのである。そうであれば、むしろ、これからの人口減少時代には、まちづくりの豊かな可能性が開けるといえるだろう。こうした可能性をふまえるとき、とられるべき、まちづくり戦略は、ランダムな方向

性をもった、身近なミクロの空間に手を加え、つなぎ、「少しずつ豊かな空間を増やしていく」（同、p.180）ことになるはずだ、というのが氏の洞察である。

　P. ヒーレイは、人口減少・高齢化社会のまちづくりという文脈を意識したものではないが、「関係性の空間としての〈場所〉論」（P. ヒーレイ、2015、p.118）に依拠しながら、「〈場所〉のガバナンス」という「ミクロレベルの実践」を新たなまちづくり戦略のキーコンセプトとして提起する。

　彼女が、〈場所〉を重視するのは、その創造が、同時に政治的社会的関係性の変革・創造と不可分に結びついているからだ。なぜなら、「〈場所〉、〈場所〉が持つ意味、その多様な質や潜在力は、技術的分析によって『発見』しうるような客体としての可能性ではありえない。関係性の空間としての〈場所〉とは、社会政治的なプロセスの結果として生成されるからだ」（同、p.118）。P. ヒーレイは、この〈場所〉づくりとしての、社会政治的プロセス＝〈場所〉のガバナンスという、「ごく小さな取り組みが変化を生みだしうる」のであり、「現実的な『未来への一歩』」（同前、p.128）と考えているのである。

　以上、3人の論者——それぞれの課題意識は異なるが——のまちづくり戦略を紹介した。その方法論の核心は、ミクロの単位（きめ細かい粒子、ミクロの空間、〈場所〉）にさまざまなしかたで、不断にはたらきかけ、よりゆたかなものに改善し、その積分として都市の変革をめざしていくという点にある。

　筆者のスタンスも同様だ。ただし、ここで強調すべきは、ミクロな単位を、空間的なそれに限定してはならないという点だ。そこには"地域における人と人のつながり"という"ミクロな地域社会関係"をも包含させなければならない。これは、人口減少社会では、物的まちづくりの守備範囲は縮小し、地域における人のつながりの創造が重要な

課題になると見込まれることからも、重要な視点となるはずだ。筆者は、こうしたミクロの単位として、〈場〉という新たなコンセプトを提示したい。

2 〈場のまちづくり〉とまちづくり共同性

J. ジェイコブス（1977、p.152）は、都市の本質を「生活のアクティビティ」にもとめたが、〈場〉とは、こうした生き生きした多様な活動の基盤にほかならない。〈場〉は、〈場所〉と〈縁〉の統一として構成される。ここで、〈場所〉とは、いきいきした活動のための空間的条件を意味する。しかし、注意すべきは、〈場所〉は、単なる物的存在としての空間ではないという点である。それは、主体によって、空間から、活動目的に照らして、有意味な単位として切り出された意味空間、意味づけられた空間なのである。

〈縁〉は、他者とのつながり＝ネットワークである。活動は、人とのつながりの中に身を置くことによってはじめて可能なのである。他者とのつながりが、ゆたかであればあるほど、ゆたかな活動を経験することができる。この意味においても、「人間にとって最大の富は他の人間」（マルクス）といえる。なお、〈縁〉も、単なるネットワークではなく、頼もしいとか、気のおけない、愉快なといった形容詞がつく意味づけられたネットワークを指す。

したがって、〈場のまちづくり〉は、これまでの物的都市計画を超え、意味の創造まで向かわなければならない。〈場のまちづくり〉は、都市計画の意味論的転換を要請するのである。

ところで、わたしたちの日々のくらしは、ほとんど代わり映えのしない、ささいな行為・出来事の連続である。しかし、そこには、意識変革につながる、ダイナミズムが見いだされる。日常生活＝活動過程において、場によって創発された意味は活動主体によって享受され、活

動の終了とともに主体－〈場所〉－〈縁〉に蓄積され、それぞれの意味的変容をもたらす。主体は、活動を通して新たな意味（情感、知、価値等）を獲得し、自己変革をとげる。また、〈場所〉には新たな意味が付け加えられ、主体は、より意味豊かな〈場所〉を手にいれる。〈縁〉も同様である。こうして、活動によってもたらされた、新たな場は、さらにより豊かな活動を生み出していく。すなわち、くらしは、活動－場による意味創発－意味の享受－意味の蓄積による場の変容－活動－……というプロセスの連続としてとらえることができるのである。

　こうしたプロセスを意識的、主体的に促進していくことが、〈場のまちづくり〉にほかならない。それは、〈場のガバナンス〉と重なる。ガバナンスは、統治、支配、管理といったことを意味する。P. ヒーレイは、「場所のガバナンス」ということばを用いたが、ここでは、「場所」に代えて〈場のガバナンス〉を提起したい。〈場〉には、〈場所〉のみでなく、同時に、ガバナンスに直接かかわるところの、〈縁〉という人間関係が含まれているからである。人々が求める〈場所〉をつくりだしていくには、適切なデザインをほどこした空間を用意するだけでは不十分である。それをささえる〈縁〉をつくりだすことが不可欠なのである。また、〈場所〉を構想し、創造していくためにも、その協働を支える〈縁づくり〉が必要である。この〈縁〉をつくりだすメンバーには、住民のみでなく、行政や NPO、自治団体、政治家、専門家、地元業者、企業等、多彩な顔触れが含まれる。こうした複雑で多様な〈縁〉をつくりあげていく営みが、ガバナンスなのである。

　また、〈場所〉を創造するには、そこに託された、個々人の意味の相互承認、共有が前提条件となる。それは、対話や議論を通じて得られるのであり、その意味で、一つの小さな政治的行為である。こうして住民合意によって〈場所づくり〉が進められようとしても、そこに大企業、それを代弁する政治・行政によって妨害されるかもしれない。

1　区画整理・再開発における共同性とまちづくりの可能性　　25

〈場のまちづくり〉は、企業利益を主目的とする新自由主義のまちづくりと相容れないからである。〈ミクロな場〉の創造を実現していくためには、地域における小さな政治は、より大きな政治変革へとつながっていかなければならないのである。

〈場のまちづくり〉は、個々人の意味にまで立ち入り、その共有をめざす点においても、また、それが大きな政治変革を展望せざるを得ないという点においても、もっとも高次な〈まちづくり共同性〉を要請するのである。

3 〈場のまちづくり〉としての区画・再開発の可能性

〈場のまちづくり〉としての区画整理（〈場の区画整理〉とよぼう）の目的は、開発利益の最大化でもなく、単なる公共施設の整備でもない。目的は、すべての人々がよりゆたかな場を享受できるような地域をつくることである。ただし、区画整理では、場の要素である〈縁〉そのものには、直接的な関与はできない。区画整理の守備範囲は、空間の創造・変形に限定されるからである。

これまでの区画整理は、往々にして、従前の土地利用を無視し、あたかも白紙のようにみなして、区画形質の変更をおこなってきた。しかし、〈場所〉は、日常の活動の積み重ねによって、また、自然の営みと時間によってつくられるものであり、一挙に創造することはできない。

また、〈場所〉は私的所有の領域をこえて成立している。個々人にとっての〈場所〉は、自らの所有地内部にととまらず、むしろ、その外部の空間の総体によってかたちづくられているからである。したがって、その保存と創造を自由におこなうには、私的所有の垣根をはずすことが決定的に重要となる。〈まちづくり共同性〉が不可欠なのである。しかも、〈場の区画整理〉において、共同性はより高次のそれが求めら

れる。

　〈場所〉は、共通のものでなく、個々人によって異なる。そうした個々人に固有の〈場所〉の改善を、すべての人に保証されねばならない。そのためには、〈場所〉は、地域の人々によって、認められ、共有されねばならない。また、一定の領域に諸個人が求める〈場所〉が折り重なり、相対立することになる場合もある。それが首尾よく重なるように、否、むしろ、相互作用によって、より優れた〈場所〉がつくられるように、それらの基盤となる空間のデザイン的調整がなされねばならない。これらのためにも、共同性が発揮されねばならないからである。この共同性は、対話を介した、相互了解として実現される。

　しかし、ここで、〈場の区画整理〉における共同性について、一つの限界を指摘しなければならない。それは、〈場の区画整理〉における、高次の共同性は、一時的にしか実現されないという点である。土地の共有によって、〈場所〉のデザインの自由度は大きく高められる。しかし、こうした共同性によって、すぐれた〈場所〉が実現されたとしても、区画整理では、再び、換地処分によって、〈場所〉は土地もろとも、再配分、切り分けられる。それは、総体として生成する〈場所〉を傷つける。あるいは、換地による、〈場所〉の私的な領有を見越して、〈場所〉の自由なデザインが最初から限界づけられてしまう。あえていえば、私的所有が止揚されて、はじめて、〈場所〉の十全な創造は可能となるのである。

　〈場の区画整理〉においては、換地の役割は大きく変貌する。それは、〈場所〉から〈場所〉への移し替えの形式となる。では、〈場所〉の換地における平等性の保証はいかにして可能か。承知のように、現行の区画整理では、いわゆる照応の原則、すなわち、「位置、地積、土質、水利、利用状況、環境等が照応」（土地区画整理法第89条第1項）することが、その基準として採用されている。しかし、それら諸要素は

1　区画整理・再開発における共同性とまちづくりの可能性　　27

資産価値に還元され、価格的照応に矮小化されている。資産価値としての配分の平等性が第一義的に重視されているのである。

　しかし、〈場の区画整理〉では、これらの要素は〈場所〉を規定する諸要素の一つとして考慮されることになる。ただ、〈場所〉は、空間という客観的要素のみでなく、意味という主観的要素を含む。むしろ、個々人にとって、意味的な満足の充足こそが決定的に重要である。したがって、換地は、それぞれが、従前よりもよりゆたかな意味を享受できると思われる限りで、受け入れることになる。あえていえば、こうした条件が満たされれば、先にふれた「自由な換地」さえ、住民は積極的支持にまわることもありうる。この場合、「自由な換地」は、開発利益の最大化ではなく、よりゆたかな〈場所〉の創造のために、活用されるのである。

　たとえば、阪神・淡路大震災の被災地である神戸市湊川地区の区画整理では、すまいの再建をめざし、住宅の共同化と4m街路の整備をおこなうために、申し出換地という自由な換地手法が試みられた。狭小過密住宅地であるため、建築基準法を守って住宅を再建しては、もとの居住スペースを確保できない。そこで、住民は小規模な組合施行区画整理を自主的に立ち上げ、集約換地によって、土地を共有化し、マンションの建設をおこなったのである。

　日溜まり街区を実現した、足立区六町での取り組みもある。当初、凄まじい区画整理反対運動が起き、5000人を超す「区画整理の一時中止」を求める署名も集められた経緯もある地区での試みである。日溜まり街区というのは、互いに日照を保証しあうため、敷地の形状とか建築の形態とかを規制する街区である。希望者をつのり、この街区へ集約換地をおこなったのである。

　もう一つ、70年代、足立区舎人地区で実現された、集約換地による中小企業団地づくりの例を紹介しておこう。公害規制にかかり、東京

から、この地区に逃れてきた町工場が、区画整理の網をかけられてしまった。これでは、宅地化の急激な進行によって、再び工場経営ができなくなってしまう。それを恐れた、35名の零細工場の経営者たちが、周りへの騒音を気にしなくてよいようにと、集約換地により、その実現を求めたのである。

　以上、区画整理によって、よりゆたかな〈場所〉の創造を実現した三つの事例を紹介したが、すべての人が、よりよい〈場所〉を享受できるような、そして、全員が合意できるような換地を組むことは至難の技といえるであろう。それは、対話による換地設計・相互了解によって実現するほかない。対話可能なスケールに、事業規模を縮小することは、不可欠の前提条件である。

　再開発によって、〈場のまちづくり〉を進めることはきわめて難しいと思われる。再開発は、既存の〈場〉を一掃し、これまでとは、まったく異なった〈場〉を創造するからである。

　再開発に組み込まれた住民の多くは、立ち退くことになり、それまで培われてきた〈縁〉は解体される。一方、再開発ビルは、その住居形式から、あらたな居住者によって、親密な〈縁〉をつくりだすことは、困難である。また、巨大なビルは、従来の街並みとの連続性を絶ち、地域環境をかく乱、しばしば破壊的影響をあたえる。

　そうしたなか、きわめて数は少ないが、〈場の再開発〉といえるような事例がいくつか生まれている。

　たとえば埼玉県上尾市のある小さな再開発があげられる[8]。1980年代のバブルのさなか、旧中山道沿いにウナギの寝床のような高層マンションが次々建てられ、日照がうばわれるなど、急激な環境破壊が進むなか、"近隣地域から歓迎されるマンション建設"が試みられたのである。日照被害を周辺にもたらさないように、都市計画で許されていた400％の容積率をその半分に引き下げ、高さも4階に止めた。さら

に、日照妨害しないよう、マンションを三つの塊に分けて建設、団地内の道や広場を地域に開放した。

　そして、もっとも注目すべきは、元の借家人すべてが、新しいマンションに移り住むことができるようにしたことである。しかも、家賃は生涯、これまでどおりに据え置かれたのである。

　もう一つ、宮城県石巻市でとりくまれた、震災復興再開発の一つを紹介しよう。地権者4人ほどで立ち上げられた、やはり、小さな再開発である。幸い地権者の一人から、このマンション再開発への思い入れを聞くことができた。70歳代の女性である。高層は地域にそぐわないし、日陰もつくりたくないから4階建てにしたという。復興住宅（家賃7000円）と分譲住宅をつなぐかたちで建てられているが、つなぎ目は広く取り、一時避難所としても使えるように設計されている。避難所は2階にあるが、外階段をつかって駆け込めるようなっており、100人近く収容できる。彼女の家は、このマンションに隣接していて、大正期に建てられたという当時の貴重なガラス戸や、瓦屋根を残した邸宅であった。盛り土もしっかりと強固な地盤だったため、床上浸水にもギリギリのところでまぬかれたという。ゆうに300坪くらいはありそうな庭には、四季折々の草木が植えられており、こうした庭の花をマンションから楽しんでもらうために手入れをし、居住者が親密に交われるよう、地域住民の参加できるお花見なども催しているという。復興住宅には90歳以上の人が4人もいるが、みんな、ここへきて、元気になったといってくれる。だから庭の維持費も本当に苦しいものがあるが、頑張っているというのだ。

　二つの事例に共通なのは、再開発をになう地権者たちの、地域と新旧居住者へのきめ細やかな気づかいだ。こうした思いが、不可能と思われる、〈場の再開発〉を奇跡的に生み出したのである。

まとめ

　人口減少と高齢化の進行が深刻さをましつつある現在、それに即応したまちづくりの取り組みが、差し迫った課題となっている。区画・再開発も、今後、筆者のいう、〈場のまちづくり〉の発想で、取り組まなければならない。しかし、現在の都市開発は、むしろ、それに抗うようなかたちで進められている。

　たとえば、区画整理と再開発を一体的につかって進められている、東京大手町連鎖型再開発プロジェクト、あるいは、東京ガス用地を換地によって、駅前にもっていき、立ち上げた東京田町駅前再開発等はわかりやすい例である。

　また、2018 年、都市再生法の改正によって設けられた、集約換地特例制度も旧来の発想を引き継いでいるようにみえる。これは、低未利用地を集約換地によって、商業施設等の敷地を確保することを認めたものである。人口減少等で地域に体力が乏しくなっている現在、これまでよりも、その弊害はよりつよくなると思われる。もう一つ、同時に創設された「低未利用土地権利設定等促進計画」制度は、活用のしかたいかんでは、〈まちづくり共同性〉を発揮できる可能性があると考えられる。これは、一定の区域における、複数の土地や建物に、一括して新たな利用権を設定するもので、いわば、簡易ミニ区画整理ともよべる。住民合意もしやすく、人口減少社会のまちづくり手法として可能性を秘めているといえる。

　今後、区画・再開発のまちづくり運動をとおして、〈場の区画・再開発〉のゆたかな先駆例を生み出していくとともに、広く、〈場のまちづくり〉の実践と連携を強めていくことが、区画・再開発住民運動の差し迫った課題である。

1　区画整理・再開発における共同性とまちづくりの可能性　　31

文献

岩見良太郎（1978）『土地区画整理の研究』自治体研究社。

──（1989）『土地資本論　地価と都市開発の理論』自治体研究社。

──（2001）「土地区画整理とまちづくり──自由な換地をめぐって」原田純孝編『日本の都市法Ⅰ　構造と展開』東京大学出版会。

──（2012）『場のまちづくりの理論──現代都市計画批判』日本経済評論社。

──（2016）『再開発は誰のためか──住民不在の都市再生』日本経済評論社。

岩見良太郎・遠藤哲人（2017）『豊洲新市場・オリンピック村開発の「不都合な真実」──東京都政が見えなくしているもの』自治体研究社。

Sieverts, Thomas（2017）『「間にある都市」の思想──拡散する生活域のデザイン』（蓑原敬他訳）、水曜社。

饗庭伸（2015）『都市をたたむ──人口減少時代をデザインする都市計画』花伝社。

Healey, Patsy 他（2015）『メイキング・ベター・プレイス──〈場所〉の質を問う』（後藤春彦他訳）、鹿島出版会。

──（2017）「メイキング・ベター・プレイス──市民を中心とした活動を通じて」『まちづくり教書』（佐藤滋他編）、鹿島出版会。

Jacobs, Jane（1977）『アメリカ大都市の死と生』（黒川紀章訳）、鹿島出版会。

佐藤滋・新まちづくり研究会（1995）『住み続けるための新まちづくり手法』鹿島出版会。

注

1　以下の、区画整理の歴史と理論については、岩見（1978）参照。

2　不動産資本と開発利益の概念については、岩見（1989）参照。

3　この区画整理目的の二重化は、土地区画整理法（1954）において、完成する。すなわち、土地区画整理法第2条1項において、「公共施設の整備改善」と「宅地の利用の増進」という二つの目的をあわせもったものとして、区画整理事業が定義されるにいたるのである。

4　新自由主義による都市計画解体のもくろみについては、岩見（2016）参照。

5　自由な換地について、詳しくは、岩見（2001）参照。

6　新自由主義的な自由な換地の悪質極まりない例としては、豊洲新市場整備でなされた東京都施行区画整理があげられる。同区画整理については、岩見・

遠藤（2017）参照。

7 〈場のまちづくり〉の理論と実際については、岩見（2012）参照。

8 佐藤・新まちづくり研究会（1995）の「第2章 新しいまちづくりの実践
――上尾仲町愛宕地区のまちづくり」を参照。

2 住民運動が問う都市計画の「公共性」
――都市計画の民主主義を求めて

波多野憲男

　「区画整理対策全国連絡会議」（現「区画整理・再開発対策全国連絡会議」（以下：連絡会議）が発足した 1968 年は、現行の都市計画法が制定された年としても特別な意味を持っている。1968 年の都市計画法が制定されるまで、カタカナ文字の 1919 年に制定された旧都市計画法（以下：旧法）が使われていたのである（建設、1969）。

　都市計画法の「法理論」を規定する上位法は、「憲法」である。旧法のそれは、「大日本帝国憲法」であり、1968 年都市計画法のそれは、「日本国憲法」である。戦後の日本国憲法下でも、都市計画の民主主義は、遅れたままだった。

　連絡会議が掲げる「住民主権のまちづくり」は、基本的人権を理念とする日本国憲法の下での都市計画法の目指すべき真理である。

　現在の都市計画の枠組みは旧法の時代に創られ、それを引き継いでいる。

　特に土地区画整理事業（以下：区画整理事業）は、旧法によって制度化され、以降、日本の都市計画の中心的な市街地整備手法として、歴史的にも各地で活用されてきた。連絡会議に参集した各地の区画整理住民運動は、区画整理事業の計画技術的問題を多岐に渡って、追究してきた。その基本的な論及は、都市計画の「公共性」である。都市計

画は、法によって「都市」の土地利用に「計画」に基づいて「公共」が介入する社会的制度である。この公共介入は、一人ひとりの人権を保障する憲法のもとでは、人びとの「住民としての人間らしい生活」を保障するものでなければならない（杉原、2008、p.154）。

都市計画における「民主主義の確立」、すなわち都市計画と民主主義の問題である。

筆者は、都市計画を都市地域の土地と施設に関わる社会的計画技術制度として研究する都市計画研究者[*1] として、連絡会議の活動に参加してきた。

一研究者の立場から、「住民主権のまちづくり」が中央政府・地方自治体の都市計画という統治行為に住民が参画するという民主主義の原理に関わる主張であること。および「住民主権のまちづくり」の主張が住民の生活のための権利である土地所有権、土地利用権への「公共介入」という都市計画の本質に関わる問題提起であることを本稿において改めて論述することとした。

1 「住民主権のまちづくり」
——区画整理事業に対する住民運動の主張から

1954年に独立法として制定された土地区画整理法による区画整理事業は、1968年都市計画法が成立するまでの中心的都市計画事業であり、その存在の重さは現在の都市計画においても変わっていない。区画整理住民運動は、都市計画事業として執行される区画整理事業の民主主義を追及してきた。「住民主権のまちづくり」は、運動を通して自覚した住民の都市計画への基本的問いかけである。

1　住民の大多数が都市計画の下で暮らしている

　大括りすると、日本の国の総面積約 30％ に過ぎない都市計画区域（都市計画法第 5 条により都道府県が指定する区域）に総人口の約 90％ が居住している[*2]。

　しかしながら、人びとが日頃の生活の中で、都市計画、特に「計画」[*3] の存在を日常的に意識することはない。

　建物を新築、改築する時に建物の用途や建ぺい率、容積率、高さ等の制限を定めている「用途地域」という「土地利用計画」があることを知らされる。また、住まいとして利用している土地が、幹線道路を整備する「都市計画事業」の土地収用の対象となっている。あるいは、区画整理事業や市街地再開発事業（以下：再開発事業）等の「市街地開発事業」が施行される区域に組み込まれ、事業施行に伴って「減歩」や「換地」、「権利変換」などの聞きなれない言葉とその実際に直面する。住民にとって、「計画」を生活に関わる必要な存在として認識する機会は少ない。

　連絡会議は、こうした区画整理事業や再開発事業に直面した人びとの運動によって誕生した。住民運動は、住民の自らの土地・建物を利用する「居住者」の立場からの居住地域（「まち」と言い換える[*4]）に、公共事業の名のもとに押し付けられる「まち」の土地利用を改変する「計画」への異議申し立てである。

　連絡会議の掲げる「住民主権のまちづくり」は、運動を通して「まち」を住民が互いに暮らす「生活共同空間」として自覚し、都市計画を住民が共同して生活するのに必要な社会的制度として認識することから生まれた主張である。そのうえで、「生活共同空間」の「計画」に対する住民の発言権こそ優先されるべきという意思表示である[*5]。

2 区画整理事業と土地所有権・土地利用権への介入

　住民は、区画整理事業*6 に直面することで都市計画の現実に向き合うことになる。区画整理事業の計画図が示す「まち」の姿は、ほぼ画一的に、幹線道路を基準に区画道路までの道路を段階的に配置した格子状市街地が描かれている*7。

　幹線道路を基準に格子状に道路を配置整備することで、計画的都市を形づくるという都市計画思想は、日本の近代都市計画が始まった明治以降、社会的常識のように刷り込まれている。日本の近代都市計画法制度の始まりは、1888 年に公布された東京市区改正条例と言われている。東京市区改正の思想を表すものとして知られているのが、芳川顕正知事の「東京市区改正意見書」の「道路橋梁及河川ハ本ナリ水道家屋下水ハ末ナリ」という一節である。都市の施設整備の順序は「道路橋梁及河川」からという考えである。

　日本の都市計画法制度は、その後、1919 年の旧法、関東大震災復興のために制定された 1923 年の特別都市計画法、戦災復興のために制定された 1946 年の特別都市計画法、そして、1968 年に現行都市計画法が成立するに至るのである。都市の基盤（インフラストラクチャー）となる「都市施設」*8 を整備すれば、「反射的」にそれに相応しい土地利用が生まれ、計画が描く都市空間が実現するという考え方が定着し、現在に至っている。

　幹線道路等の都市施設の整備こそ都市計画の目的とされ、これらの施設整備に欠かせない公用地の確保のための制度が作られてきた。旧法によって、制度化された区画整理事業は、土地所有権、土地利用権に計画によって介入し、公共用地を確保し、整備する事業手法として重要な位置を占めてきた。

3 区画整理事業の「減歩」は「受益者負担」

　区画整理事業は、施行地区に居住する住民の土地所有と土地利用への影響を不可避とする。問題の一つが住民の所有地を減じて道路、公園・広場等の公共用地を確保する「減歩（公共減歩）」である。「減歩」[*9]のない区画整理事業は基本的に存在しない。

　1919年の旧法に都市計画制度として登場した区画整理事業は、耕地整理法[*10]を準用して施行されていたが、1954年に単独法として土地区画整理法（以下：区画法）が制定された。区画法は、区画整理事業を「公共施設の整備改善」及び「宅地の利用の増進」を図るために「土地の区画形質の変更」及び「公共施設の新設又は変更」を行うものと定めた（区画法第2条）。加えて区画整理事業が都市計画の定める都市施設の整備を目的とすることになった[*11]。「公共施設の新設又は変更」のために「公共減歩」が必要なのである。問題は、減歩によって道路や公園・広場等の用地として新たに確保された土地は、公共用地に編入され、「無償」で公共用財産となる。都市計画事業として区画整理事業に直面する住民にとって、「公共減歩」は、無償による「土地収用」に他ならない[*12]。

　これについては、一通りの説明がされてきた。区画整理事業のもう一つの目的「宅地の利用の増進」を図るために「土地の区画形質の変更」と「公共施設の新設又は変更」を行うとしている。「減歩」によって確保された公共用地を用いて、「道路・街区の改善」がされ、「土地の区画改良」されることによって「宅地の利用の増進」が図られるというのである。この「宅地利用の増進」は、「整理前宅地より整理後宅地の地価が上昇する」というものである。区画整理事業の「事業計画書」には、整理前の宅地単価と整理後の予想宅地単価を示して、事業による地価上昇の効果が示される。整理前宅地総価額と整理後宅地（整理前宅地面積より公共減歩分の面積が減じたもの）総価額を示して、

整理後宅地総価額が整理前宅地総価額より大きくなることで事業利益を生み、事業が成り立つことが説明される。要するに区画整理事業では、土地の価格が上昇し、土地面積が減じても、土地所有者の資産価値は減じない[*13]。したがって「減歩」は、憲法第29条「財産権の保障」に抵触しないというのである。

区画整理事業による地価上昇は、「事業費の施行者負担の原則」（区画法第118条1項）による都市計画事業としての「公共投資」[*14]によって生じた利益であり、住民は、その受益者とみなされる。「減歩」は、「受益者負担金」制度[*15]の金銭ではなく「土地」で負担する「受益者負担」である。

4 「換地」と住民の直接的土地利用

もう一つの問題は、「換地」である。区画整理事業では、整理前の一筆（原則）ごとの土地が区画改良された宅地の「換地」に交換される。工事完了後に「換地処分」が行われ「換地」が整理前の土地とみなされ、すべての土地に存する権利が換地に確定されるのである（区画法第103条及び104条）。「換地」の地積は、整理前の土地地積から減歩された地積である。「減歩」による負担も換地処分に包摂されるのである。

「換地処分」は「換地計画」を定めて行うことになっており（区画法第86条）、「換地を定める場合においては、換地及び従前の宅地の位置、地積、土質、水利、利用の状況、環境等が照応するように定めなければならない」とされている（「照応の原則」という）。整理後の区画に整理前の1筆（原則）ごとの画地を割り込む「換地設計」を行うにあたっての原則である。

しかし、換地設計において、「位置、地積、土質、水利、利用の状況、環境等」の諸項目ごとに要件を充たす照応が行われ、「換地」が定められるわけではない。「地価」が、「照応の原則」の諸条件を包括的に示

すとして「土地価格評価」による換地設計が行われている。画地が接する道路の路線価指数（点数）を用いて整理前と整理後の画地の土地価格を評価し、比例評価式換地設計法を採用して換地地積を算定する換地設計である[16]。各換地の減歩率は、その換地土地単価を整理前画地土地単価（何れも路線価指数）で除した増進率に比例して減歩率が算定される。要するに各筆の土地の「減歩」の幅は、土地価格で示される「利益」の幅によって決められる。「減歩」は、換地ごとの「受益者負担」によって分担されるのである。

　事業施行地区内の住民は、それぞれが居住用の建築物によって自ら土地を利用して生活をしている。住民の居住用の自己土地利用を「直接的土地利用」という。住民の生活手段としての土地利用と不動産的土地利用とを区別するという意味を含めた表現である。

　「照応の原則」の「土地利用状況、環境等」の項目は、あたかも「直接的土地利用」への保障を意味するように見える。しかし「道路・街区の改善」と「土地の区画改良」の結果としての住民の土地の「換地」への交換は住民の「直接的土地利用」の改変を伴う。住民の「直接的土地利用」による価値判断は、それぞれ相対的である。地価を通約として行われる換地設計では、住民の土地利用価値は反映されない。また、区画整理が住民の直接的土地利用によって有機的に結合した生活共同空間（環境）を機械的に改変するのである。

　「減歩」と「換地」が示す区画整理事業の論理は、住民の土地利用権と土地所有権とをすり替えているのである。

5　都市計画における住民主権の確立

　住民運動は、自治体の画一的価値観で設計された「区画整理事業計画」の押しつけと「事業」の一方的な「進め方」に対する反発である。

　区画整理事業の「居住環境整備」[17] が、住民の直接的土地利用によ

って形成された地域（「まち」）の外殻の改変にとどまるとして、住民は、「居住環境整備に区画整理事業が必要なのか」を問い「区画整理事業以外の居住環境整備の方法」を求め事業の撤回、見直しを追及するのである。しかし、一旦区画整理事業が都市計画決定され、事業認可され事業が着手されると、事業の撤回、見直しの要求が実現することは、ほとんどない。区画整理事業があたかも住民に合意された「計画」として遂行されるのである。

　自治体施行区画整理事業は、区画整理事業を施行する「計画」、すなわち「施行区域」を都市計画に定めることになっている（都計法第12条2項）。また、都市計画の「計画」において定められた道路や公園等の都市施設がある場合には、区画整理事業計画は、その「計画」に適合しなければならないとされている（区画法第6条10項）。住民は、区画整理事業に直面することで、都市計画による土地所有権、土地利用権への「公共の介入」を受忍するしかないのである。

　しかし、同時に、こうした事態に直面することで、「計画」が住民自身の暗黙の合意の結果であることに気づかされる。「計画」の何に合意しているのかを確認する必要を自覚し、「計画」の撤回、見直しを要求して、住民が合意形成した「計画」を求めるのである。

　住民の生活する地域（空間）の土地利用計画は、住民の直接的土地利用の内在的な要求に基づく「計画」として住民自らが決定するという「住民主権」の主張である。「計画」を定めるという都市計画の統治的行為に住民が参画するという民主主義の原理の主張である。

2　都市計画の土地利用計画の「公共性」
——都市計画における民主主義の問題として

　日本国憲法は、個人の財産権を人権として保障している[18]。憲法第

29 条の財産権の保障によって、人びとが土地を所有し、土地を利用する権利が保障されており、これを「土地利用の自由」と表現することにした。この「土地利用の自由」への「土地利用計画」による「公共介入」という都市計画の「公共性」を 1919 年都市計画法と 1968 年都市計画法とを比較することで解明しようと考えた。前節の区画整理住民運動が提起する都市計画における「住民主権の確立」「民主主義の確立」の課題として都市計画の「公共性」が問われている。

1 日本の都市計画法の成立、1919 年都市計画法から 1968 年都市計画法

近・現代における各国の都市計画制度は、「計画」なくして「土地利用なし」を原則として、「法」の下に定められた「計画」による都市の土地利用への「公共介入」を本質とする制度である[19]。

日本において、「都市」と「計画」を結合した「都市計画」が一般的に定着するのは、1919 年に公布された旧法からである。

旧法によって、全国に適用される都市計画制度が成立した。また、現在の建築基準法に当たる「市街地建築物法」も同年に公布され、都市計画法と建築基準法によって、「都市」の「土地利用」を「計画」によって「規制」するという都市計画制度の大枠がつくられた。旧法は、1968 年に大幅に改定された現在の都市計画法となった（以下、旧法と表示されない法は 1968 年法を表す）。

大日本帝国憲法のもとで成立した旧法は、都市計画を国家（中央政府）の権限のもとに執行するものとしていた。

旧法は、その第 1 条で都市計画の「目的」を「交通、衛生、保安、経済等ニ関シ永久ニ公共ノ安寧ヲ維持シ又ハ福利ヲ増進スル為」の「重要施設ノ計畫」と定めている。この場合の「公共」とは、国家に他ならなく、「国家の為」に都市を物理的な「施設」として整備することが都市計画の目的とされた。それでも、日本の都市計画制度の枠組みが

旧法によって作られたことは周知である。「都市計画区域」を定め、その区域内に都市計画法が適用されるのである（旧法第2条、法第5条）。旧法の「計画」は、三つに大別される。

一つが、都市計画区域に住居地域、商業地域、工業地域の3種類（未指定地域を含むと4種類）の「用途地域」を指定する「用途地域地区」制度の導入である（旧法第10条）。現在は、細分化され用途地域は13種類となっている（法第8条）[20]。「用途地域」内の土地を建築敷地として利用し、建築物を建てる建築行為は、「市街地建築物法」の「建築確認」によって「用途地域」ごとに定められた「建築制限」に適合することが求められた。都市計画区域内の建築行為による土地利用を「計画」によって制限する制度の創設である。「建築確認」は、1950年に制定された建築基準法に基づいて、建築主事を置いた地方自治体の事務となった。

1968年法では、都市計画区域を市街化区域と市街化調整区域に「線引き」する区域区分制度（法第7条）が導入された。また従来の建築行為に対する土地利用規制に加えて「開発行為」（建築物の建築などの用に供する目的で行う「土地の区画形質の変更」）に適用される「開発許可制度」が創設された（法第29条）。新しい制度による土地利用規制の強化である。

二つ目は、土地区画整理事業が旧法によって制度化されたことである。前節でもふれたが、農家が耕地整理法の耕地整理組合を設立して農地の宅地化目的として施行された耕地整理事業を都市計画手法として組み入れたのである（旧法第12条）。1954年に土地区画整理法が成立するまでは、耕地整理法を準用して施行されていた（詳細は「施設を実現する都市計画事業の創設」の項）。現在の「市街地開発事業」（法第12条）の始まりである。1969年都市再開発法による市街地再開発事業も加わった。

三つは、道路や公園・広場、河川などの「施設」の整備を都市計画事業として認可して、「土地ハ之ヲ収用又ハ使用スルコトヲ得」として、私有地を公有地化して道路や公園などの施設用地として占用する土地収用制度が導入された（旧法第16条）。法第69条は、都市計画事業としての認可を土地収用法の「認定事業」として見なすとした。都市計画法の都市計画事業として「都市施設」を整備する制度である。

2　都市計画は「施設」の「計画」から始まった

　19世紀の終わり頃から日本の資本主義経済の発展に伴って都市が急激に成長し、通勤交通機関の発展、土地投機の活発化などによる都市郊外への市街地の拡大という新しい都市問題が発生した。市街地の拡大は民間の「自由」な建設活動を要因として、全国的課題となっていた。そのような背景のもとに全国に適用される旧法が制定されたのである。

　将来の市街地の範囲を考慮して「都市計畫区域」を「計画」する作業を行い、都市を「施設」として整備して都市拡大に「備える」という新しい性格を持つものだった。

　旧法の目的を「永久ニ公共ノ安寧ヲ維持」するための「重要施設ノ計畫」と定義して二つの「計畫」に区分した。道路や公園、鉄道等のように「公」が直接的に「設備ヲ施ス」施設の「計画」を「事業ヲ伴フ施設ノ計畫……事業計畫」とし、都市区域を用途地域に分け、建築物の用途に制限を設ける「地域指定」を「単純ナル施設ノ計畫……狭義の都市計畫」とした[*21]。「事業」のための「計画」と土地利用規制の「計画」である。

3　施設を実現する都市計画事業の創設

　旧法によって導入された「施設」整備のための都市計画事業は、道

路や公園・広場等の単独施設用地を確保する「土地収用事業」（旧法第16条1項）と三つの区画整理事業である。①「敷地造成区画整理事業（同第16条2項）」、②土地所有の「任意的区画整理事業（同第12条）」、③「強制的区画整理事業（同13条）」である。

　旧法第16条は、道路、公園・広場、河川、公園等の「勅令ヲ以テ指定スル施設」については「都市計畫事業」として「内閣ノ認可ヲ受ケタルモノニ必要ナ土地ハ収用又ハ使用スルコトヲ得」と定められた都市計画事業である。

　同条の2項は、1項の都市計画事業によって公共施設用地として収用された土地の「付近ノ土地」について「建築敷地造成ニ必要」であれば「勅令ノ定ル所ニヨリ」「収用又ハ使用スルコトヲ得」と定めている。収用残地も含め施設周辺の土地を公共団体が収用して「敷地造成」する「敷地造成区画整理事業」の創設である。

　旧法第12条「都市計畫区域内ニ於ケル土地ニ付イテハ其ノ宅地トシテノ利用ヲ増進スル為土地區割整理ヲ施行スルコトヲ得」によって「土地区画整理」が制度化された。旧法第12条の「土地区画整理」は前にも説明したように、都市郊外で行われていた地主たちが組合を設立して施行する宅地開発を目的とした耕地整理事業を都市計画事業に組み入れ制度化したものである（耕地整理法を準用）。「設計書ヲ作リ」「地方長官の認可」、「主務大臣ノ認可ヲ受クヘシ」（旧法第14条）として、組合が策定した「計画」の認可を得て「事業」を実施するものとされた。

　旧法第13条は「都市計畫トシテ内閣ノ認可ヲ受ケタル土地區割整理ハ認可後一年内ニ其ノ施行ニ着手スル者ナキ場合ニ於テハ公共團體ヲシテ都市計畫事業トシテ之ヲ施行セシム」として、組合が作成した設計書が「認可」されたにもかかわらず一年を経ても施行に至らない場合に内務大臣が地方公共団体に施行を命じることができるとした（旧

法施行令第 15 条）。耕地整理法を準用して施行され「土地區畫整理ノ施行二要スル費用ハ施行區域内ノ土地所有者又ハ関係人ノ負担トス」とされていた（旧法施行令第 16 条）。

　旧法の下での区画整理事業は開発者負担の事業として施行されていた。

　その後の旧法の下での都市計画の展開の中でこれらの都市計画事業手法は変質していった。「建築敷地造成区画整理事業」は名古屋市中川運河線一人施行区画整理事業が唯一の事例となったまま普及にいたらなかった[22]。

　しかし、道路などの幹線施設を旧法第 16 条 1 項の土地収用事業と併せて周辺を旧法第 12 条、あるいは同 13 条の区画整理事業によって整備する事例が各地に生まれた。施行地区を旧法第 6 条の「受益者負担金制度」[23] の適用範囲に設定して、受益者負担金徴収から除外する代わり区画整理事業に誘導する事例である[24]。幹線道路等の都市施設整備都市計画事業と区画整理事業が一体化されていく中で建築敷地造成区画整理事業は吸収された。1923 年関東大震災復興と 1946 年戦災復興と二度の特別都市計画法による区画整理事業は既成市街地整備のための特別措置が講じられた[25]。

　これらの経緯を経て、1954 年になって、単独法として「土地区画整理法」が制定され、現在に至っている。区画整理事業の目的として「公共施設の整備改善」が明記され（区画法第 2 条）、「土地の区画形質の変更」即ち、宅地開発を目的とした旧来の区画整理事業からの転換である。戦後、1968 年都市計画法制定までの実質的「都市基本法」不在の時期の道路を中心とした公共施設整備の都市計画を区画整理事業が担っていた。正に「区画整理は都市計画の母」[26] であった。区画整理事業が公共用地を確保し「都市施設」を整備する重要な都市計画事業として位置づけられる要因である。

2　住民運動が問う都市計画の「公共性」　47

4 都市計画における「公共の福祉」による土地利用制限

市区改正条例、旧法によってつくられた日本の都市計画の「計画」の概念を整理すれば、二つである。

一つは、物象主義の計画である。都市は道路、公園、上下水道、建築物などの物的「施設」で構成されるとして、「計画」に基づいてそれらが整備されれば、よい都市が造られるという考えである。「反射的利用」という言葉で表現されるが、「施設」が整備されれば、おのずから、住民はそれを受け入れ、結果として「計画」がもくろむ「都市」が形成されるという考えである。

二つは、上位下達の計画である。市区改正条例の「計画」は「官」の事業の執行を「勅令」によって、臣民に「知らしめる」ものだった。旧法の都市計画も大日本帝国憲法下の国家の事業として臣民に「計画」を「知らしめ」、「事業」に「依らしめる」という点で、変わりないものだった。

新憲法下の都市計画に求められたのは、このような「計画」からの転換だった。

1968年法は、目的を「都市の健全な発展と整備を図り」「国土の均衡ある発展と公共の福祉の増進に寄与する」と定め（第1条）、「農林漁業との健全な調和」「健康で文化的な都市生活及び機能的な都市活動の確保」を掲げ、「適正な制限のもと」に「土地の合理的な利用」を図ることを都市計画の基本理念とした（第2条）。

「国土の均衡ある発展と公共の福祉の増進に寄与する」とした都市計画の目的は、「人びとの人間的な生存を保障しようとする福祉国家的公共の福祉」を実現しようとするもので、旧法から根本的な価値転換を図ったものである。同法第2条の「健康で文化的な都市生活及び機能的な都市活動の確保」を都市計画の理念として掲げたことでも一層明瞭にされている。

「法（都市計画法）」の下での「計画」による都市の土地利用への「公共介入」という都市計画の本質にかかわる憲法の規定は、第29条である。

　憲法第29条は、第1項で、「財産権は、これを侵してはならない」として、土地を所有し利用する権利（「土地利用の自由」の権利という）を全ての人びとに保障している。しかし、第2項によって、「財産権の内容は、公共の福祉に適合するように、法律でこれを定める。」として、土地利用の自由の「公共の福祉」による制約を認めている。「都市計画法」による土地利用規制である。第3項では、「私有財産は、正当な補償の下に、これを公共のために用ひることができる。」として、「土地収用処分」による私有地の公有地化を認めている。都市施設の都市計画事業による土地収用である。

　国民は、人間として「住まいを定め」日常生活を営む自由を擁している（憲法第22条「居住、移転、職業選択の自由」）。憲法第25条1項は、「すべて国民は健康で文化的な最低限度の生活を営む権利を有する」と国民に「人間らしい生活」を保障するとしている。憲法第22条の「居住選択の自由」と同25条から導き出される憲法第29条の「土地利用の自由」は、「人びとが、住民として人間らしい生活を営む」ための基本的人権ということである。憲法第29条2項は、「土地利用の自由」は土地所有権に基づく絶対的自由ではなく「公共の福祉」による制限として都市計画法による土地利用規制を認めているのである。都市計画の「計画」による土地利用への「公共介入」は「公共の福祉に適合」するものでなければならないという命題である。

　「公共の福祉」による土地利用への制約は、消極的制約と積極的制約の二つの制約と理解される。前者は、自己の権利が他者の権利を侵害しない、また他者の権利の享有を認めるという「内在的制約」と言われる「必要最小限の規制」である。その消極的制約に加えて、憲法第

29条2項は「社会国家の観点から人間らしい生活と矛盾する経済的自由権への積極的制限を容認している」と解されている[27]。

今日の都市計画の「計画」による土地利用への「公共介入」は「公共の福祉に適合」した「住民の人間らしい生活を享有する」権利を保障するためでなければならない。旧法の法理となる大日本帝国憲法の第27条1項が「日本臣民ハ其ノ所有権ヲ侵サルコトナシ」として、同条2項で「公益ノ為必要ナル処分ハ法律ノ定ムル所ニ依ル」と定めている[28]。

「公共の福祉に適合」した「計画」は、旧法と現行法との「公共性」を別つ原理である。

5 住民の生活空間の地区的土地利用計画の必要性

都市の本質は、有史以来、人びとが、「集住」して生活する「生活共同空間」である。人びとの「集住」生活は、「生活共同空間」の土地の利用によって営まれている。土地所有権を個人の権利と認める近・現代社会の土地利用、すなわち「空間利用権」の社会的コントロールが必要となり、誕生したのが都市計画である[29]。「計画」に従うことを個々の土地利用に求める土地利用規制である。

日本の都市計画における「計画」による土地利用規制の始まりは、旧法で導入された「用地地域制」である。1968年法によって、「計画」による「土地利用の自由」への公共介入が強化された。用途地域制は、地域ごとに建物の用途規制と建ぺい率、容積率、高さなどを制限する形態規制を内容とする。旧法では住居・商業・工業の3地域に未指定地域を加えた4地域だった。1968年法では、地域種類が増え現在は13種類となり細分化が進んだ。特に住居系の用途地域の細分化は、「公共の福祉」に適合したナショナルミニマムとしての土地利用規制（消極的土地利用規制）制度の整備が進んだ。

1968 年法による「線引き」と言われる「区域区分制度」と「開発許可制度」の導入によって、「開発行為」(建築物の建築などの用に供する目的で行う「土地の区画形質の変更」)をコントロールすることができるようになった。原則 0.1ha 以上[*30] の「開発行為」は、「開発行為の許可」が必要となった (都計法第 29 条)。日本の土地利用規制は、基本的に建築敷地ごとの建築行為の「建築確認」(建築基準法第 6 条) によって、土地利用をコントロールしてきたが、1968 年法によって「開発行為」を対象にした都市計画法の土地利用規制が加わったのである。都市計画区域を市街化区域と市街化調整区域に区分する区域区分制度と併せて、市街化区域では、周辺の土地利用と矛盾する開発を抑制し、市街化調整区域では「市街化を抑制する区域」の趣旨に則して市街化を促進する開発行為を容認しないという原則で運用されることになった。経済活動として行われる開発行為に対する「公共の福祉」による積極的土地利用規制という「計画制度」の導入だった。

　1980 年には、「地区計画制度」が導入された (都計法第 12 条の 4)。制度化された地区計画は、土地利用規制強化型といわれ[*31]、都市と建築との間の地区の環境を保全・整備するために街路と建築形態を統一的に計画する制度である。地区計画は市町村の都市計画として制度化され、市町村が地区計画決定の「手続条例」を定めることとなっている (都計法第 16 条 2 項、3 項)[*32]。住民、土地権利者の参加を保障することで、用途地域制等の土地利用規制に詳細な土地利用規制を加えることができるとする選択的制度[*33] となった。

　こうした、1968 年法の土地利用計画制度の展開の中、特に、地区計画は、区画整理住民運動の「住民主権のまちづくり」が主張する住民の生活する地域の「合意形成による土地利用計画」に近い制度である。住民の生活空間 (まち) の地区的土地利用計画に重要なのは、住民の相対的な土地利用価値の調整と計画実現手段の合意である。区画整理

事業等の市街地開発事業の「計画」と「事業」の関係を「施行区域」の都市計画決定という「事業」有りきの「計画」ではなく「公共の福祉に適合」した「計画」による土地所有権、土地利用権への公共介入という原則に変えることの必要性がある。その意味で地区的土地利用計画としての「地区計画」の活用は都市計画の今日的課題である。

6 都市計画は国家の事務から地方自治体の自治事務に

　都市計画法第3条では、国・地方公共団体及び住民の責務を定め、国・地方公共団体は「都市計画の適切な遂行に努めなければならない」、住民は「良好な都市環境の形成に努めなければならない」としている。

　都市計画の「計画」を誰が決めるのか。旧法の都市計画は、「国家ノ事務」であった。旧法第3条は「都市計畫、都市計畫事業及毎年執行スヘキ都市計畫事業ハ都市計畫委員会ノ議ヲ経テ主務大臣之ヲ決定シ内閣ノ認可ヲ受クヘシ」としている。国家が都市計画を決定する権限を持ち、都市計画の事務は、国（中央政府）が所掌していた。都市計画委員会には、中央委員会と地方委員会があり、都市計画は、都市計画地方委員会及び都市計画中央委員会の議を経た案を内務大臣が決定し、内閣の認可を受ける仕組みだった。各道府県の都市計画地方委員会の会長は知事が務め、地方委員会事務局は内務省が管轄する組織であり、「計画」の作成などは、内務省の官吏が担当していた。

　日本国憲法が1947年5月に施行された以降も都市計画は、国家（中央政府）が権限を持ち、カタカナ文字の旧法を用いて都市計画の業務は執行されていた。国民主権、基本的人権の尊重を理念とした新憲法の下では、都市計画法も直ちに全面的に改正され、都市計画は国家（中央政府）の事務から地方自治体の仕事に変わるべきものだった。1947年には、地方自治法が施行されたが、旧法からの都市計画法の全面改正は新憲法公布から21年を待たなければならなかった。「都市計画を

定める者」を都道府県知事又は市町村と規定し（都計法第15条）、中央政府から機関委任事務として都市計画権限が都道府県知事又は市町村に移譲された。その後、1999年の「地方分権一括法」の成立により、ようやく都市計画は地方自治体の自治事務となった。

　1968年法は、都市計画の決定の権限を都道府県、市町村に付与し（法第15条）、「計画」が「公共の福祉」に適合するよう都市計画決定の手続きを定めた。「公聴会の開催」（都計法第16条）、「都市計画の案の縦覧」「意見書の提出」（同第17条）の手続を経て、都市計画審議会の議を以って都市計画を決定することを義務づけた（同第19条）。日本国憲法の地方自治制度のもとでのこの自治体の都市計画決定権限は、都道府県、市町村の主権者である住民から信託された権限である[34]。

　旧憲法から現憲法への変遷に伴う都市計画の基本理念、都市計画の決定と実施の主体の変更、即ち都市計画の担い手が国家から住民自治を基礎とする地方自治体に変更された。それによって、主権者住民の参加が法的に保障されたはずである。地方自治体に求められるのは、都市計画の執行にあたって、このことの理解を基本にした民主主義である。

結びにかえて
──「住民合意」による「計画」を目指して

　基本的人権を理念とする日本国憲法のもとでの都市計画は、戦前の都市計画とは、明らかに異なる理念、即ち、「公共の福祉」を目標と掲げて発足した。都市計画の目指す方向は「住民主権のまちづくり」である。しかし、憲法制定から70年、都市計画法制定から50年を経ても、憲法の目指す民主主義の達成はまだまだと言わなければならない。都市計画における民主主義も道半ばである。

残念ながら、安藤の言葉を借りれば（安藤、1978、p.10）、「住民主権のまちづくり」は「時期尚早の真理」である。

　憲法 12 条は、「この憲法が国民に保障する自由及び権利は、国民の不断の努力によって保持しなければならない」としている。これからも、「住民合意による計画」の実現を目指す住民運動の都市計画の民主主義に向けて果たす役割が減ずることはない。このことを確認したい。

文献

安藤元雄（1978）『居住点の思想　住民・運動・自治』晶文社。

波多野憲男（1994）『二段階区画整理の提案』自治体研究社。

――（2003）「都市農村土地利用計画再考」『四日市大学環境情報論集』第 6 巻、四日市大学。

――（2006）「ラーバンデザインに関する法と制度――都市農村計画からみた1968 年法から 2000 年法」『2006 年度日本建築学会大会都市計画委員会協議会資料集』日本建築学会。

五十嵐敬喜・野口和雄・萩原淳司（2009）『都市計画法改正――「土地総有」の提言』第一法規株式会社。

石田頼房（1986）「日本における土地区画整理制度史概説――1870〜1980」『総合都市研究』第 28 号、東京都立大学都市研究センター。

――（1993）「都市農村計画における計画の概念と計画論的研究」『総合都市研究』第 50 号、東京都立大学都市研究センター。

――（2004）『日本近現代都市計画の展望』自治体研究社。

岩見良太郎（1978）『土地区画整理の研究』自治体研究社。

建設省都市局都市計画課（1969）『都市計画法令要覧――全訂・昭和 45 年版』帝国地方行政学会。

建設省住宅局内建築行政研究会（1981）『建築行政における――地区計画』第一法規出版株式会社。

建設院総裁官房弘報課（1948）『都市再建と区画整理』建設叢書 2。

街づくり区画整理協会（2006）『土地区画整理事業実務標準（改訂版）』。

内務省都市計畫局（1922）『都市計畫法釋義』。

名古屋区画整理協会（1932）『大名古屋の区画整理』誠文社。

下出義明（1979）『換地処分の研究』酒井書店。

杉原泰雄（2008）『地方自治の憲法論（補訂版）』勁草書房。

──（2010）『憲法と資本主義の現在』勁草書房。

──（2014）『日本国憲法の地方自治』自治体研究社。

田中啓一（1980）『受益者負担論』東洋経済新報社。

渡辺俊一（1993）『「都市計画」の誕生』柏書房。

全国土地区画整理組合連合会（1969）『土地区画整理組合誌』。

注

1　筆者は、土地区画整理事業手法の計画技術的研究から都市計画のあり方を追究してきた。博士論文は『農地の多い市街化区域緑辺部で行う二段階土地区画整理手法に関する研究』（東京都立大学）である。

2　都市計画区域面積1006万9048ha、都市計画区域内人口1億1951万7300人（2010年3月31日現在）。

3　都市計画区域内の「計画」は、都市計画図として、都市計画区域ごとに表示され、公表されている。

4　「まちづくり」の用語は、一般に広く使われているが、その定義は明確になっているわけではない。ここでは、都市計画、即ち都市地域の土地と施設に関わる「都市づくり」に対して、人びとの居住地区を「まち」として、「地区」を対象にした都市計画の意味で「まち」づくり、「まち」の集合体として都市づくりを「まちづくり」としている。

5　「住民主権のまちづくり」については、連絡会議世話人を務めた安藤元雄（当時明治大学教授）の『居住点の思想』を参考にした。

6　土地区画整理事業は、個人・共同、土地区画整理組合、株式会社、都道府県や市町村の地方公共団体、国土交通大臣、都市再生機構、地方住宅供給公社が施行する施行者別に分類される（土地区画整理法第3条、第3条の2、第3条の3）。本稿は、地方公共団体施行土地区画整理事業（同法第3条2項）を「自治体施行区画整理事業」として、特に標記がない場合は、一般形としてこれを念頭に論じている。

7　道路法では、道路を自動車専用道路、主要幹線道路、幹線道路、補助幹線道路、区画道路に区分した道路構成が示されている。「幹線道路」は、「都市

計画道路」として都市計画決定されることが多い。

8　「都市施設」は都市計画法第 11 条 1 項に定義されている。

9　整理後宅地総価額が整理前宅地総価額より大きくなる事業では、「保留地減歩」によって事業費に充てることができる。「公共減歩」と「保留地減歩」を合わせた「合算減歩」が整理前宅地から減じられる。

10　旧耕地整理法（1899 年）、耕地整理法（1909 年）は、1949 年土地改良法により廃止された。旧法の区画整理事業は、地主たちが耕地整理法に基づく耕地整理組合を設立し、農地等の宅地開発を目的として行った耕地整理事業を起源として創設された。

11　区画法第 6 条 10 項「事業計画は、公共施設その他の施設又は土地区画整理事業に関する都市計画が定められている場合においては、その都市計画に適合して定めなければならない」。

12　二つの特別都市計画法によって施行された復興土地区画整理事業では、公共減歩を無償の部分と有償の部分に分けている。戦災復興区画整理事業では、減歩率 25%として、15%までを無償、10%は補償金を交付するとされていた（建設院総裁官房広報課、1948、p.22）。受益者負担部分を無償にそれを超えた部分を有償にしたと思われる。

13　整理後の宅地総価額が整理前の宅地総価額より減少した場合は、その差額が施行者によって減価補償金として土地所有者等に支払われる（区画法第 106 条）。

14　施行者の事業費負担の他、都市計画において定められた幹線道路等の「管理者負担金」（土地区画整理法第 120 条）や大規模公共施設等の新設に対する国の補助金（同法第 121 条）などの公金が事業費用に組み入れられる。

15　都市計画の「受益者負担」制度の導入は、1919 年都市計画法においてである。現行都市計画法第 75 条「受益者負担金」は、下水道事業に適用されている。

16　換地設計基準案（街づくり区画整理協会、2006、p.213）。

17　土地区画整理法は、「環境の整備改善を図り、交通の安全を確保し、災害の発生を防止し、その他健全な市街地を造成するために」事業計画を定めるとしている（区画法第 6 条 8 項）。

18　1789 年フランス人権宣言は、とくに財産権につき、「財産は、不可侵で神聖な権利である」（第 17 条）と明記した。（杉原泰雄、2010、p.16）「経済活

動の自由」を不可侵の人権として保障することになった。ただし、福祉国家的憲法（日本国憲法）においては、「福祉国家原理と矛盾する経済的自由権」についての積極的制限を認めている（杉原泰雄、2010、p.35）。

19　本節での都市計画制度、都市計画の定義に関する論点については、石田頼房（1993、2004）、渡辺俊一（1993）を参照した。

20　旧法の「住居地域」は細分化され住宅系地域が増えたこと、2018年に「田園居住地域」が創設され13種類となった。

21　内務省都市計畫局（1922）p.20。

22　名古屋市が全面買収した名古屋市の一人施行の事業である（全国土地区画整理組合連合会、1969、p.62）。

23　幹線道路整備等の都市計画事業の費用を事業により利益を得る周辺の土地所有者に負担させる制度。

24　京都市外廓環状線沿線区画整理（全国土地区画整理組合連合、1969、p.63）や郊外道路網を内包する区画整理の受益者負担金を免除した名古屋市の事例（名古屋区画整理協会、1932、p.7）等。

25　例えば、耕地整理法の準用では認められない「建付け地」（すでに建築地として利用されている土地）の施行区域への編入、減歩規定の導入（1923法は1割無償減歩、1946年法は1.5割無償減歩としそれを超える減歩は有償）、換地予定地の指定（仮換地指定）等。

26　戦前の1935年に創刊された名古屋土地区画整理研究会（内務省官吏等による）の機関誌「区画整理」の表紙にかかげられたスローガンである。

27　杉原、2010、p.167。

28　旧都市計画法第1条「本法ニ於テ都市計画ト称スルハ交通、衛生、保安、防空、経済等ニ関シ永久ニ公共ノ安寧ヲ維持シ又ハ福利ヲ増進スル為ノ重要施設ノ計画ニシテ市若ハ主務大臣ノ指定スル町村ノ区域内ニ於テ又ハ其ノ区域外ニ亘リ施行スベキモノヲ謂フ」。

29　近代都市計画は、産業革命以降の企業活動の自由放任、市場原理任せの土地利用の矛盾を解決するために生まれた。例えば、イギリスの「公衆衛生法」（1848年）等。

30　条例によって300m²以上1000m²未満の間で開発許可の対象となる面積を定めることができる。

31　1988年以降、再開発地区計画等の規制緩和型の地区計画が導入され（現在

の「再開発促進区」）、地区計画制度は規制強化を目的とするものだけではなくなった。

32　都計法第16条2項に基づいて神戸市まちづくり条例、世田谷区街づくり条例等が先駆的事例となって、自治体の「まちづくり条例」制定の機運が高まった。

33　地区計画制度導入の検討過程では、当時の西ドイツの「地区詳細計画」がモデルとして検討された。西ドイツでは、「地区詳細計画」を建築、開発の許可要件とする必須制度であるのに対して「地区計画」は、計画合意された地区に適用という選択的制度となった。筆者も「地区計画の導入と活用」を検討する「地区計画委員会（委員長高山英華）」の委員として検討作業に参加した。

34　憲法は、地方公共団体の「権利としての自治権」を認めている（杉原泰雄、2014）。

3 『区画・再開発通信』に見る 「公共観」の変遷
—— 20 世紀から 21 世紀にかけて何が変わったか

島田昭仁

序　討議型都市計画論はどこへ

　1990 年代に EU 諸国では「熟議型計画」（deliberative planning）という用語が公式にも見られるようになり、米国や日本でも「討議型都市計画」という考え方が紹介された。その後、わが国でも都市計画法が改正されさまざまな局面で住民参加の道が用意されるようになった。1998 年の特定非営利活動促進法、1999 年の地方分権一括法、情報公開法の制定による住民の参加機会の開放とともに 1999 年には都市計画の決定権が市町村に委譲され、2000 年には住民が地区計画の策定を申し出ることが可能となり、次第に住民協議会やワークショップ形式の意見交換会・勉強会などが盛んに行われるようになった。しかしながらその結果もたらされたものは、住民参加の形骸化である。住民協議会やワークショップは行政や企業の「合目的」的な結論に導くための免罪符のように用いられるようになった。なかには内発的に立ち上げた住民協議会やその協議会で取り決めた計画を公定する仕組みを持った自治体も現れたが、公論（政治的変革・社会改善を促す公共性の高い言論）の場として充分に機能しているとは言い難い。こうした状況に

よって、住民主権ないし政治的な批判機能が希薄化し、都市計画から倫理が喪失しつつある。

　本論の前半は、「討議型都市計画」論を問い直し、公論が実現しえない理由について言及するとともに都市計画の技術論について考察する。そして後半は、『区画整理・再開発通信』（以下『通信』）の過去をふりかえり、テキストマイニング分析を行い、時代を通して住民主権の思想がいかにして「まちづくりの思想」へと変容していったのかを明らかにする。

1　都市計画は技術知か実践知か

　「熟議型計画」ないし「討議型都市計画」の基礎となっている考え方はドイツの社会学者ハーバーマスのコミュニケーション理論である。

　彼の理論は、アリストテレスが分類した「実践的悟性」と「技術及び芸術」の概念から発している。まずアリストテレスにとって「科学」とは必然なる自然を対象にするものと考えられていた。他方、科学ではない偶然的なものを対象として真理到達への手段となるのは「実践的悟性」と「技術及び芸術」（以降「技工」と記す）であるとした。前者は「人間にとって善悪の事物に関する合理的なる（つまり倫理的）作為的傾向」で、後者は「合理的なる創造的傾向」である（青木巌、1927）。

　この区分は後のドイツ哲学のなかで「実践」と「労働」に繋がった。そして、ハーバーマスはこれを「コミュニケーション」と「労働」という概念区分に置き換えた（ハーバーマス、2003）。アリストテレスにとって「技工」は〈作られる作品の側〉に原理（生み出す出発点）は無くて、その原理が〈作る側〉にあるものだった。他方「実践」とは、自らの原理で他者を動かす「合目的」的な行為とは一線を画し、倫

理的な「徳＝フロネーシス」を実践するための行為であった（青木巌、1927）。

ハーバーマスは「実践」が「コミュニケーション的行為」であると考えた。それは「コミュニケーション的行為」が主観的な目的合理的行為ではなく相互の了解を志向する行為（以降「了解志向的行為」と記す）であるからである。了解志向的行為がなぜ倫理的な実践なのかというと、そこには「規範的妥当請求」が意思以前的（はじめから）に存在しているからである。すなわち真理性、正当性、誠実性における妥当性が請求されうるからである（ハーバーマス、2003）。

さて、「討議型都市計画」論に話をもどした時、果たして都市計画は「実践的悟性」なのか「技工」なのか。1970年代、広義の都市計画には道路や建物などのハードのプランニングのみならず「コミュニティ・プランニング」というソフトのプランニングも含まれていた。ハードのプランニングだけであれば、「技工」と言えるかもしれない。確かに密集市街地や震災復興の土地区画整理事業の計画は、その原理は住民の側にはなくて、プランナーの原理にもとづいて主観的に道路の線を引くことが日常的に行われていた。その意味ではまさに「技工」であったと言えよう。「都市計画」という学問が工学の中に位置づけられているのもその意味であると解釈できる。

しかしながら「コミュニティ・プランニング」や「まちづくり」といった場合はどうであろうか。作る側に原理があるのではなくて、むしろ対象とする住民ないしコミュニティ自体に原理があるはずである。しかもそのコミュニティには原理のみならず社会的規範があるのだから、これを計画するにあたってプランナーは、意思以前的に「規範的妥当請求」に曝されることになる。その意味では明らかに倫理的な側面を持った「実践」が要請されるものであるはずだ。

さらに言えば、コミュニティの社会的規範にはそのコミュニティが

形成している「公共圏」（「公共」に対する妥当性を間主観的に共有している社会的なネットワーク像）がある。よって、ハードのプランニングそれ自体もまた〈公共〉施設のデザインであれば、その公共圏（妥当性の像）と切り離して考えることはできないのである。都市計画がソフトのプランニングまで手を広げた際にもはや「技工」の範疇を超えて「実践的悟性」に踏み込むばかりでなく、したがって（単体の建築物や道路を作るにあたっても、その公共性についてコミュニティの規範的妥当請求に曝されるものであるから）ハードのプランニングも含めて「実践」が要求されるということになる。

　よってハーバーマスの理論に基づけば、都市計画は「技工」ではなく、相互の了解を志向する「コミュニケーション的行為」であり、「作る」のではなく「実践」でなくてはならない。「熟議型計画」も「討議型都市計画」にも、従来の都市計画をそのような「実践」に置き換える理念が基礎にあった。

2　討議型都市計画論のもたらしたもの

　ハーバーマスの理論を基礎にした1990年代のEUの「熟議型計画」ないし「討議型都市計画」は、都市計画を工学から社会科学へ転換させる大きな運動となったが、それは学問のみならず政策にも大きな影響を与えた。EU諸国の「熟議型計画」は概ね住民の声を拾い上げること、福祉や雇用の向上に寄与する計画とすること、社会変革に結びつけるしくみ等のフレームを用意することで共通している。

　しかしながらイギリスの都市計画家パッツィ・ヒーリーに言わせれば、EUにおいてもまだまだ熟議型計画によって社会や環境の変革には至っていないようだ（ヒーリー、2015）。例えば、ある公共施設を行政が計画した際に、反対運動が起きればそこにコミュニティの社会

的規範が存在していて、その「規範的妥当性請求」に曝されたことが分かる。しかし反対運動が起きなければ認識しなくてよいのだろうか。了解志向的な討議の場が実現可能になるための基礎的条件はもちろん、「規範的妥当性」としての真理性、正当性、誠実性をどのように認識し、請求に叶うデザインをしたらよいのかといった問いに対してハーバーマスは充分に答えてこなかった。しかし、おそらくそれは彼が「コミュニケーション的行為」を道具として捉えていなかったことに起因する。すなわち倫理的実践はあくまでも個々人の中で完結する行為であり、主観によって他者を動かす行為ではないと考えたからである。

3 コミュニティの公共観を認識する技術

都市計画はその工学的側面、すなわち「作る」という側面において、技工を行使する。先述のようにそれは、事物の存在・非存在が一方的に作る人間の側にあって、作られる作品の側にはないという前提を有した人間側の主観的かつ「合目的」的な行為であった。確かに道路や学校等の公共施設も作る人が作らなければ存在しないし、その計画も作る人が作らなければ存在しない。

しかしアリストテレスが考えていた「技工」も、土や木が本来持っていた素材としての実体を人間が「形相」（見えるもの）足らしめる行為と考えていたように、都市計画という行為は、本来その空間的社会的な環境に備わっていた素材としての実体を計画者が計画によって形相にする行為なのである。実践的な都市計画の場合は、その空間的社会的環境に備わっていた素材としての公共性を見抜き明らかにしていかなくてはならない。仮に倫理的実践ではない「技工」と分類されたとしても公共性を対象にする限り、倫理的なものを扱わざるを得ない。その意味において都市計画における技工とは、倫理的なもの、すなわ

3 『区画・再開発通信』に見る「公共観」の変遷　63

ち規範的妥当性を形相化させる技術なのである。具体的に言えば、ある公共施設を計画する場合、その空間的社会的環境に関わる市民（以下都市計画の文脈では「住民」）の真理観、正当観、誠実観等を計画作成の手続きから施設の空間構成までにわたって、形相たらしめる技術のすべてを範疇とするのである。もはやこれは「技工」ではなくて、「実践」的な技術と言うべきかもしれない。

　しかしながら都市計画の技術において、これまではその住民の「公共」観をアセスメント（測定）したり、見えるものに形相たらしめるようなことはほとんど行われてこなかった。他方で、第一次大戦後、福祉の分野の技術の中にそうしたアセスメントに関わる技術が存在していた。すなわちそれはソーシャルワーク論であり、それを鼎立する三つの分野、ケースワーク論、グループワーク論、コミュニティ・オーガニゼーション論である。その方法論的関係にその技術の切り口が明確に表れていた。つまり、パーソナルなマンツーマンからグループ、そしてコミュニティへと対象が広がっていくのであるが、逆に最終的なコミュニティ・オーガニゼーションの段階でのアセスメント技術はグループワーク論の組織アセスメント技術に委ねられ、そしてグループワーク論のそれはケースワーク論の〈会話〉技術に委ねられていたのである。すなわち、それらの方法論は結局のところ「コトバ」の分析に着眼したものであった。

4　コトバを分析する手法

　ソーシャルワーク論でのアセスメントとは、対人・対コミュニティを相手にサービスを提供する専門家が、長い期間を通してそのサービス効果がどのように変化してきているのかを把握する手法として確立した。すなわち相手と専門家との人間関係ないし相手を取り巻く人間

環境がどのように変化しているかを把握するものである。かつては、その変化を専門家が主観的、恣意的にシーンをセレクションし構成し記録する方法がとられたが、次第にデータ・エビデンス・プラクティス（すべてデータを根拠とした実践でなくてはならない）という社会的・学問的要請から、主観を入れずに相手の言葉をありのままに記録するという方法がとられるようになった。

　しかしながら、ありのままに記録することに付随する二つの問題に対して、しばらくの間社会科学は明確な答えを出せずにいた。一つは、ありのままに記録することによって生じるデータの増大であり、人間の操作能力をはるかに超えたデータ量となってしまった場合に読むことさえ困難になるという問題をどうするか、である。もう一つは、ありのままに記録することで分析者の恣意性を排除することが可能になる一方で、そのままでは無味無臭の透明なデータになってしまいかねないという問題である。

　おそらくそれらの問題に一つの回答を与えうるのがテキストマイニング[*1]である。ビッグデータのような級数的なテキストデータをものともせず扱うことができる。分析者がある技術を使ってテキストデータを分析可能にするため加工する限りにおいて、ある種の操作性が存在することに違いはないが、結果は分析者の予期せぬものであり、分析者の指向する結果に導くことはできない。

　またテキストマイニングはあくまでも予測を手助けするものであって、理論を導くものではない。相手がどういう人間か、あるいはどのレベルに達したかを認定するものではなくて、コトバとコトバの連関、人と人の連関、さらには人とモノとの連関のあり様を顕微鏡のように可視化するに過ぎない。光学顕微鏡と電子顕微鏡で可視化された像が違うように、それぞれ絶対的なものではない。しかも可視化されたものから何を読み解くかは最終的には人間に委ねられる。しかし、可視

化されたものを共有することが可能となることで、分析者の一方通行
的な主観的判断を排除することが可能となるのである。

5 『区画・再開発通信』に見る公共観の変遷

　筆者が協力研究員として大学研究機関に入ったのは2005年であり、
その後今日に至るまで世の中のまちづくりの動向はある程度見聞きし
てきた。また社会人として都市計画コンサルタントをしていたのがそ
の前の1994年からであるから、いわゆる「バブル」と「バブル崩壊後
の後始末」についても向き合ってきた。しかしその前の70年代、80
年代のまちづくりがどうだったのかについては正直言って実感がない。
書き物を通して間接的に知ることはできるのだが、その時代感覚を体
験していない限りにおいて、あくまでも他人の目を通した客観的経験
であり、永遠に自分のものにできない気がしてならない。そうは言っ
ても、おそらく時代の流れというか、大雑把に言うとすれば20世紀か
ら21世紀への変化があったのではないかと感じている。そこで、本論
では『通信』の第1号（1970年1月）から第420号（2004年12月）
までのPDFデータをOCRソフトでテキスト変換して、テキストマイ
ニング分析を行うことによって、20世紀から21世紀にかけて何が変
わったのかを見てみることにした。

　具体的には、テキストの中に現れる頻出単語を検出する。頻出単語
とは文脈を構成する上で主要なアクターであり、主語や目的語として
使われやすい。特定のアクター（単語）によって特定の文脈（文のネ
ットワーク）が構成される。すなわち、或る文脈はそれを構成する上
で相応しいアクターを集め群を構成する。だからアクター群の変化が
あれば、文脈も変化したと見なせる。そのようにして、『通信』の第1
号から第420号までの変化点を探り当てる[*2]。

66

次に、変化点によって分節化されたそれぞれの時期区分において、アクターたちがどのような文を構成しているのかを実際に見てみればよい。さらにそこで主要なアクターが登場する文だけを対象に絞り込めば少ない文章に縮約できる。さらにその中でも、それらのアクターが構成する文脈として最も代表的・典型的と思われる文章のみを絞り込めば、それぞれの時期区分の大まかな文脈的特徴を読み取ることができる。

　以上のような手法で、第1号から第420号までのテキスト分析を行った。

1　時期区分の予測結果

　まず、第1号から第420号までの間で頻出する単語を調べ、頻出度上位100位までの単語を拾った。次にその中から公共観を構成するに優位な単語を8語選定した[*3]。すなわちこの8語が、再開発、まちづくり、道路、清算金、駅、換地、減歩、住民運動であり、時代ごとの公共観に関する文脈を構成する上での主要なアクターとみなされる単語であった。続いて、それぞれのアクター（単語）の頻出度の大きな変化点を見てみると以下のようになった。例えば、単語「再開発」の頻出度の変化を見てみると、まず第95号（1977年11月）より前の巻号と第95号以降の巻号でその頻出度の割合の差が最も大きいことが分かった。そこでこの1977年11月を「第一分岐点」と呼ぶことにする。さらに第301号（1995年1月）より前と以降で割合の差が大きいことが分かった。そこでこの1995年1月を「第二分岐点」と呼ぶことにする。同様にして残る単語も調べてみると**図表3-1**のような結果となった。

　図表3-1から分かるように、分岐点は前方（1974年前後）と後方（1995年前後）に分かれている。さらに第一分岐点については、再開

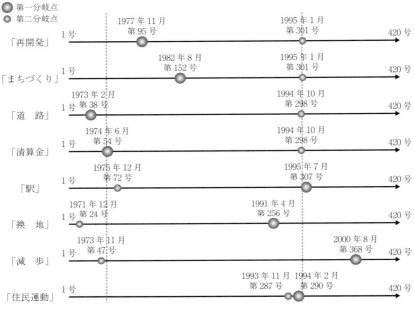

図表 3-1 各頻出単語の頻出の変化による時代区分予測

発、まちづくり、道路、清算金、は前半に、駅、換地、減歩、住民運動、は後半にある。また「まちづくり」や「再開発」については前方のライン（1974年）から少し遅れたところに第一分岐点がある。さらに土地区画整理事業（以下「区画整理」）の技術知（技工の知識）に関連する「道路」や「清算金」の第一分岐点は前方にあるが、「換地」や「減歩」の第一分岐点は後方にある。前者は70年代、80年代に大きなテーマとして扱われていたことを示す一方、後者は1995年前後を境にテーマとしての扱われ方が大きく変化したことを示している。また「住民運動」は70年代、80年代に先鋭化していたものと思われるが、第一分岐点も第二分岐点も逆に後方に現れていて、1995年あたりを境にして大きな変化があったこと示している。なお第一分岐点も第二分

68

岐点も併せてみてみると、各単語の分岐点が概ね1995年あたりできれいに一致しているように見える。この原因について阪神・淡路大震災を挙げるのはやや早計である。「換地」や「住民運動」をはじめ1995年よりも前にも少なからず分岐点が現れているからである。何かの変化がすでに1991年、1993年頃から始まっていたことを示唆している。

2 テキスト分析の結果

まず上述したアクター、すなわち8単語が含まれる文章を検索する。これらの8単語はいずれの時期にも頻出し、その増減が時代の変化を表すと思われる重要な単語なので、なるべく多く含まれている文章を探す。すると以下の**図表3-2**のように、18個の文章にたどり着いた。

そしてこれらの文章と、先述の単語ごとの時期区分とを重ね合わせた結果が**図表3-3**のとおりである。すなわち8単語を含む文章の巻号を示すとともに時期区分を濃淡で示したものである。

これらの時期区分に対応した各文章を見てみることによって、前述したようないくつかの時代ごとの変化の内容を検証してみることにしたい。

まずは、**図表3-1**で示した後方のラインである1995年前後に何があったのかを見てみたい。具体的には**図表3-2**にあるように1995年に近い巻号の文章は、第288号（1993年12月）にあるので見てみたい。

「この区画整理方式の換地・減歩・清算の手法は、住民にとって常識では分からない難解事ですが、施行者らにとっては土地が無償で取得できるばかりでなく、（中略）換地操作によって例えば駅前の一等地を占めることも可能です。当局の言う便利で美しい町づくりどころか、過大な減歩や換地の不公平などが次第に明らかになり、移転補償の増額など事業の民主化・住民犠牲の軽減を要求し、全国的にも町ぐるみ

日　付	巻号	該当記事（部分）
1971 年　5 月	17	第 2 回区画整理研究会のお知らせ　『宅地造成区画整理の問題……
1971 年 11 月	23	私たちの近所への気のつかいようはたいへんなものです。い……
1977 年 12 月	96	◇ルポ/赤羽西口再開発◇たたかいの記/姫路市阿保のたたか……
1987 年　3 月	207	地権の存続期間を建物の堅固、非堅固の区別をなくし、一律……
1987 年　7 月	211	ほとんど二階建てしか見られない閑静な住宅地に、突如住友……
1987 年　9 月	213	これまで実施例をみていない立体換地手法を活用するために……
1987 年 10 月	214	なぜ地積であれ金銭であれ住民負担しなければらいのかとい……
1992 年　6 月	270	②その後と将来にわたっての支払いについては、利子を一切……
1993 年 10 月	286	清算事業団用地を食い物にして駅の一都三県にまたがる常磐……
1993 年 11 月	287a	宮城県や仙台市などで見られるように、開発をめぐる汚職事……
1993 年 11 月	287b	全国研究集会を終えて今回の研究集会は、全国各地からの参……
1993 年 11 月	287c	参加者一七四名を集め、北は北海道から南は九州まで、全国……
1993 年 12 月	288	有償ですと説明しましたが、昭和二九年（一九五四年）土地……
1996 年　8 月	320	絶対反対の看板がたち並ぶ住宅街　合意形成が難しいから、……
1997 年　3 月	327	「分権社会の創造」がようやく出され、この間の「地方分権」……
2000 年 10 月	370	●人口減少時代のまちづくり広原盛明　二〇世紀最後の第四……
2003 年　5 月	401	29ha で東京都施行。これは、区画整理事業のひとつの側面で……
2003 年　9 月	405	●天下の大都市・横浜市が強制執行―農業を辞めろと「世紀……

図表 3 - 2　主要な単語

でもねばり強い闘いが繰り広げられました」。

　ここにあるのは土地区画整理事業に抗う住民闘争の実態である。さらにまた少し後になるが第 320 号（1996 年 8 月）を見てみたい。
　「まちづくりをみすえるあすみが丘は計画的なニュータウン開発であるが、デベロッパー・行政が高度利用待望に安易に依存した『民活』区画整理を基盤整備に用いたため、今になってまちづくりの課題が表面化している。行政・デベロッパー・旧来からの住民の区画整理後の長期的なまちづくりへの展望が問われる」。

　ここにもデベロッパーや行政に抗う住民の態様を見ることができる

再開発	まちづくり	道 路	清算金	駅	換 地	減 歩	住民運動
○	○	○	○	○	○	○	○
○	○	○	○	○	×	○	○
○	○	○	○	○	○	○	○
○	○	○	○	○	○	○	○
○	○	○	○	○	○	○	○
○	○	○	○	○	○	○	○
○	○	○	○	○	○	○	○
○	○	○	○	○	○	×	○
○	○	○	○	×	○	○	○
○	○	○	○	○	○	○	○
○	○	○	○	○	○	○	○
○	○	○	○	○	○	×	○
○	○	○	○	○	○	○	○
○	○	○	○	○	×	×	○
○	○	○	○	○	○	×	○
○	○	○	○	○	○	○	○
○	○	○	○	○	○	○	○

を含む文章の抽出結果

が、最後の行に「住民」を並列して書いている点において、行政との「協働」に対する意思を見ることができる。すなわち1995年あたりを境にした文脈の変化は、それ以前が行政との闘いであったのに対して、それ以降が協働によるまちづくりの志向性を有することが窺がわれる。また第288号では「区画整理方式の換地・減歩・清算」という区画整理を目的とした技術知を構成する単語が見られるのに対して第320号では「長期的なまちづくり」という、相互の了解を志向する実践知（実践の知識）を構成する単語が見られる。

　さて、行政に抗う住民運動はそれよりずっと以前の70年代、80年代固有の特徴ではなかったのか。これを検証するにあたって第23号（1971年11月）と第96号（1977年12月）の該当文章を比較してみた

い。まず23号の該当箇所の文章を以下に挙げる。

　「そこえ［原文のまま］登場するのが、民間デベロッパーといわれる新型土建屋です。"新型"というのは大手建設業者はもちろん、大手不動産業者、保険会社、ソニー、松下など電子産業、自動車産業、化学工業その他あらゆる企業が、住宅産業、都市開発産業などといって群がっていることなんです。彼等は、地場産業を崩壊させ、地元商工業を破算に追い込んで地域を独占するために入ってくるのです、ある者は、自社の企業活動がやりやすいようなまちづくりをし、又ある者は自分達の製品にあわせたまちづくり、人づくりをするために参加をしてきます。こうした事態を『大企業本位の再開発』ということが出来るでしょう」。

　次に第96号の該当箇所を以下に挙げる。

　「借家権者をつんぼ桟敷［原文のまま］におく、説明会を一・二・五街区に特定し、傍聴に来ていた守る会の代表の質問を区職員が制止するといった具合だ。（中略）区・公団の動きは活発だがようやく説明会が一段落した状態だ。関係権利者は約五百人だが三団体に組織されているのは五分の二程度であり、三・四街区まで含めれば、千人以上もの関係権利者がいる。つまり、殆んどの人たちがまだ何も知らずに、あるいは卒直に言うべきことをいっていない状態だ。営業者の権利と生活を守る会と住民の生活と権利を守る会の二団体は、区・公団の独善的計画ではなく、真に住民主体のまちづくりを目指して再び『西口をよくする協議会』づくりにとりかかろうとしている」。

　双方の比較で分かるように、前者の主体は排除を仕掛けてくる企業であって、後者の主体は住民である。この変化は、攻めてくる相手に対して翻弄される住民から「自らまちをつくる」主体的住民へと変わ

っていることを示唆している。

　この第96号（1977年12月）は、単語「まちづくり」による第一分岐点（1982年8月）のだいぶ前になる。これに近い時期にあたるその後の第207号（1987年3月）ではどうだろうか。

　「『おたくは過小宅地だから減歩はありません。大丈夫ですよ』と言うではないか。『人様のうちを過小宅地とはなにごとぞ』。カチンときた青年はすぐさま傘を手に大雨の夕暮れの中を駆出していたという。（中略）今の協議会の代表世話人の橋本氏らと出会い、一気に運動が大きな流れとなった。いったい何が人を決断させ、住民運動のきっかけになるか、じつにさまざまである」。

　とあるように、やはり、まちづくりの原理を行政から住民に取り戻そうとする住民主体のまちづくりの志向性は変わっていない。であるにもかかわらず先に見た第288号の行政に抗う住民闘争の態様は、あたかも再び「翻弄される住民」に戻ったかのようである。ここに何があったのか。図表3－2の第207号（1987年3月）から287号（1993年11月）までを同様に読んでいくと、この間に国や行政によるかなり強引な土地区画整理事業や再開発事業ないし企業によるビル建設が各地で勃発していたことが分かった。以下例示として第207号（1987年3月）と211号（1987年7月）の該当箇所を紹介する。

　「『建て替え』を明渡しの正当事由とする借地借家法の見直し改悪（その他も問題があるが）は、大企業による住民の土地と家を奪うためのもので、横暴な行為を合法化する極めて反動的・反国民的なものです。その意図するところを絶対許してはならないための国民的運動の展開が重要な段階にきていると思います」。

　「ほとんど二階建てしか見られない閑静な住宅地に、突如住友商事が八階建てマンショを建設するという話がもち上ったのは、今から六年

単 語	左記単語が含まれる文章の巻号と時期区分																	
再開発	17	23	96	207	211	213	214	270	286	287a	287b	287c	288	320	327	370	401	405
まちづくり	17	23	96	207	211	213	214	270	286	287a	287b	287c	288	320	327	370	401	405
道 路	17	23	96	207	211	213	214	270	286	287a	287b	287c	288	320	327	370	401	405
清算金	17	23	96	207	211	213	214	270	286	287a	287b	287c	288		327	370	401	405
駅	17	23	96	207	211	213	214	270		287a	287b	287c	288	320	327	370	401	405
換 地	17		96	207	211	213	214	270	286	287a	287b	287c	288	320		370	401	405
減 歩	17	23	96	207	211	213	214		286	287a	287b	287c		320			401	405
住民運動	17	23	96	207	211	213	214	270	286	287a	287b	287c	288	320	327	370	401	405

図表 3－3　各単語の時期区分とその単語が含まれる文章の巻号

注：網掛けの濃淡の違いが時代区分を表わしている。

前のことである。

　驚いた近隣住民たちは早速『羽根木地域の環境を守る会』を結成して反対運動をくり広げ、七階建てに変更させたが建築確認はすんなり下って住友商事は一切の譲歩を拒否。（中略）『法律が間違っていれば住民の力でそれを改めていかねばならい。自分たちの環境は自分たちの力で守り抜くしかないのだ』という信念が環境派住民の運動の支えになっていた。結局は、住友商事に一定の階数引下げと世田谷区への公共施設用スペース無償提供という条件を呑ませ、……」。

　すなわち、1970年代の終わり頃に「自らまちをつくる住民運動」へと変わっていたにも関わらず、80～90年代に再び強引な都市計画が始まり、その圧力に翻弄された住民運動が「徹底抗戦」化したのである。そしてこのような（自らまちをつくる活路を妨げられた）住民の憤懣が1995年より前までの「住民主体のまちづくり」のいわば〈マグマ溜り〉として蓄積されていたと考えられるのである。

　そしてまた、このエネルギーが1996年以降の「協働のまちづくり」につながるのであるが、なぜ「協働」に向かったのかというと、バブル崩壊後の国や自治体や企業の財政力の弱体化、将来的な少子高齢化

の顕在化に原因がある。もはや強引な開発を進められるだけの財力が
なくなったからである。すなわち住民にとって抗う相手であった行政
や企業が力をなくした時代であり、その間隙を縫って「協働のまちづ
くり」が花開いたと言えよう。第327号（1997年3月）と第370号
（2000年10月）を例示する。

　「ここ指宿の十町土地区画整理事業に対するわれわれの運動がいち
おうの成果の上で、第一段階を終えて次の段階に進もうとしています。
すなわち、当初の区画整理事業計画案を修正して、区域を二分割し、秋
元川以北で区画整理を実施し、その他の地区は白紙からの町づくりを
行うことにする、水害対策は実施する、また区画整理の進め方につい
ては、住民および地権者の意見をとりいれて、理解と合意の上で実施
すること、などで、双方の合意が成立しました」。

　「『保守のまほろば』と言われた地元の奈良県出身であるだけに、こ
のような大規模な学校が開かれたことにとりわけ深い感慨と確かな時
代の変化を感じた。（中略）主として人口減少時代のまちづくりに絞っ
て話した。二一世紀という時代を展望する上で、人口減少問題が日本
の社会経済や都市・農村の行方に根底的影響を与えるだろうと考えた
からである」。

　このような経緯が、先の図表3−1で示した前方ラインと後方ライン
の存在であり、第一分岐点が1974年前後と1995年前後にある理由で
ある。
　さらに「再開発」や「道路」や「清算金」の第一分岐点が前方にあ
るのは、初期の即自的な「徹底抗戦の住民運動」の痕跡であり、他方
「駅」や「換地」や「減歩」や「住民運動」の第一分岐点が後方にあ

るのは、住民が（例えば区画整理の勉強会を開き技術知を習得し）自らまちづくりの原理をある程度獲得していた中での対自的[*4]な「徹底抗戦」の痕跡である。また「まちづくり」の第一分岐点が前方ラインよりやや遅れてあるのは、住民が翻弄される側から、自らまちをつくる主体としての認識に変化するまでの悶々とした成長過程を表しているものである。同様に「住民運動」の第一・第二分岐点が後方ラインに近接しているのも、80〜90年代の強引な都市計画に遭遇し「徹底抗戦」化した際の痕跡と、バブル崩壊後の行政・企業の体力低下に伴い「協働のまちづくり」が開花する際の双方の痕跡を示すものであると言えよう。

6　居住点の思想は絶対精神になりえたか

1　その背景にある自然権の思想

　安藤はその著書の中で、「地方自治の主権は住民に在る」また「居住権は生存権と同様に重く扱われるべき人権である」と言っている（安藤、1978）。こうした考えの背景にあるのは自然権の思想である。自然権は国家と国民との関係を規定する思想であり、人間が生まれながらにして持っている不可譲の人権である。イギリス革命、アメリカ独立革命、フランス革命などの市民革命に影響を与えた。17世紀の法哲学者ジョン・ロックは、政府が権力を行使しうるのは国民の信託によるものであるから、もし政府が国民の意向に反して自然権（生命、健康、自由、財産）を奪うことがあれば抵抗権をもって政府を変えること（革命）ができると考え、自然権の優位性を唱えた。18世紀になると各国の憲法に採用された。しかしながら自然権（のなかでも財産権）については、不可譲とするのはフィクションであるとフィヒテは批判した[*5]。代わりに、その一部（自己防衛権）を国家に放棄し、売

買可能なものは国民同士が取引するような共同態こそが「市民社会」であると唱えた。そしてそのようにして、真理性、正当性、誠実性において妥当であるとみなされる平等な条件下において相互に承認されるものが〈自然権〉であるとした（壽福眞美、1996）。これが今日の西欧型市民社会の理念型になっている。

2　住民主権は思想となりえたか

　フィヒテやヘーゲルの思想においては、自己の一部が他者のもとに渡ったとしても「自由」は自分の下に在ることを認識した時に、思想化されると考えられた[6]。すなわち、例えば居住権が取引きされ、そしてそれが他者の下になるとしても、「自由」を認識しえた時に、相互承認を得る過程で多くの討議を交わすことになり、その結果「思想」が生まれ、それが歴史を動かす[7]という趣旨である。実際に住民運動を突き動かしている原動力はそこに在るのだと考えられる。

　今回のテキストマイニング分析によって、住民運動の志向性が「徹底抗戦」から「自らつくる」へ、そして再び強引な都市計画や開発圧力を受けて再び「徹底抗戦」化し、そしてバブル崩壊後にそのエネルギーが行政との「協働」を生み出したことが分かった。初期の住民運動が「人権」を奪われることへの理不尽感から「徹底抗戦」化し、やがて相互承認を得る過程の中で「自らつくる」に変化したことは、まさに外化（客観的なものとして突き放されること）された自己が「自由」を取り戻す中で「思想化」されたことを意味している。そしてまた80年〜90年代に同様な人権侵害に遭遇して再燃した中で、やがて抗争相手であった行政や企業がバブル崩壊後に弱体化して、偶然にも「協働」という道が生まれた。しかしながらこのいわゆる「協働」志向は、思想化されたと言えるだろうか。本論の冒頭に戻るが、「住民参加の形骸化」といった現状である。十分に公論を尽くさないまま、独り

歩きしていることは明らかである。

　他方、テキストマイニング分析を通して知ったのは、初期の頻出単語が都市計画の〈技術知〉に関わる傾向があったのに対して、1995年あたりを境にして〈実践知〉に変化してきているということである。その意味で住民の公共観は確実に「技工」から「実践」へ変遷しているように思える。あとは再び「協働」志向について国民的公論が交わされるような出来事が起こるのを待つしかない。それによって都市計画の技術が「実践」的な技術へ変革するのを期待しながら。

文献

青木巌（1927）『アリストテレース』岩波書店。

安藤元雄（1978）『居住点の思想　住民・運動・自治』晶文社。

壽福眞美（1996）『批判的理性の社会哲学』法政大学出版局

パッツィ・ヒーリー（2015）『メイキング・ベター・プレイス——場所の質を問う』（後藤春彦・村上佳代訳）鹿島出版会。

ユルゲン・ハーバーマス（2003）『コミュニケイション的行為の理論』（丸山高司他訳）未來社。

注

1　テキストマイニングは膨大なテキストから特定のアルゴリズムに従って重要なテキスト群を探り当てる。

2　本論では頻出単語の出現数を指標にして行っている。また第一分岐点等の時期区分は、分岐統計量の最大化、すなわち分岐前と分岐後の尤度比（ゆうどひ）カイ2乗の差が最も大きい点で分ける。具体的な手法については拙稿（2016）「まちづくり小集団の討議過程の分析手法——テキストマイニングと会話分析を援用して」東京大学大学院工学系研究科博士論文を参照されたい。ただし当該博士論文では複数の発話者の出現数で分岐統計量の最大化を見ているが、本論では頻出単語の出現数で分岐統計量の最大化を見ている。

3　どの時期にも頻出している単語が52個あった。その中から公共観を構成する単語を選んだ結果38個となった。さらに、「換地」「仮換地」の場合「換

地」のみ残すなど同期して出現しそうな単語を整理したら 13 個になった。さらに出現数ランキングが時代と共に大きく変化するもののみに限定すると 8 個になった。

4　ここでいう「対自的」とは真理性、正当性、誠実性をもって自己が他者との相互承認を経る過程で、自我（精神）を外化すること。すなわち一個人の生存権や財産権などの法的人権に置き換える行為としてもよい。

5　各々が財産権を主張したら暴力による争いが起きるため。

6　すなわち、自我（精神）が自己を対象化（外化）し、いつしか疎遠な関係となるが、自己が他人の下にあっても「自由」は自分の下に在ることを認識しえた時に、自己と自我（精神）は一体となり絶対精神が生まれる。それを思想と呼ぶ。

7　そこに至るには必ずや国民的討議を交わすものと考えられるからである。すなわち公共圏の存在が前提としてある。

4 区画整理住民運動と地域空間の自主的コントロール
——共同性を模索した50年

今西一男

序　区画整理住民運動をめぐる状況変化と本稿の目的

　1998年、日本社会学会が発行する『社会学評論』という学術誌に、「住民運動による普遍的公共性の構築——区画整理住民運動による『まちづくり』を事例に」（1998、pp.51-67）という論文を発表したことがある。当時、地域における住民運動は「たたかう」運動から「つくる」運動へと質的な変容を果たしたとされていた。だが、「つくる」運動の内実や、「たたかう」運動と「つくる」運動の関係性についての検討は少なかった。そこで、土地区画整理事業（以下：区画整理）に対する住民運動を検討対象として、公共性の視点を通じてその検討を行おうとした。

　都市計画における「たたかう」運動とは、行政との対抗関係において住民が〈共同性の観念〉を獲得する、「批判的公共性」の構築に至る運動である。似田貝（1976、pp.369-374）によれば、住民運動は「居住地における生活にとっての諸手段たる土地・空間が、商品化されることによる環境悪化への私生活の危機意識と、それによる、当の空間の〈生活のための使用価値〉視点の確認を媒介に、私的な空間の占取

という〈日常的観念〉から、共同的な占取という〈共同性の観念〉を形成していく」という。そして、住民の使用価値視点によって形成された〈共同性の観念〉は計画・開発行政や資本の公共性と対立せざるを得ず、その実体と過程両面の批判を通じて批判的公共性の観念を確立するに至る。その対峙過程で批判的公共性の観念は、使用価値視点に支えられた〈共同性の観念〉が持つ地域性、平たく言えば「地域エゴイズム」を必然的に克服せざるを得ないとしている。

　一方、筆者は「つくる」運動は「たたかう」運動に替わる、地域空間の自主的コントロールをも企図する、個々の住民による私的所有関係の調整までを射程に含めた「普遍的公共性」の構築に至る運動であると対置した。なぜなら、(1)住民の〈共同性の観念〉は対抗関係からのみ得られるものではない、(2)都市計画法に定める地区計画*1 のように、運用次第で行政との共同による地域空間の自主的コントロールの実現は可能である、(3)地域空間のいわば社会的所有（共同的な占取）を構想するのであれば、「普遍的利害」*2 に基づき住民自ら私的所有（私的な空間の占取）の調整が図られるべきである、と考えたからである。特に(3)をめぐって、批判的公共性には私的所有の調整に関する議論が含まれていない。このように筆者は「つくる」＝普遍的公共性を、「たたかう」＝批判的公共性に替わる住民運動の公共性概念として提起し、今日に至る住民運動の説明の概念的枠組みとしてきた。

　この論文を書いてから約20年、NPOを始めとする市民セクターの普及に象徴されるように、確かに住民と行政との共同の場面は増加したように見える。都市計画の現場も同様である。例えば、2002年の都市計画法改正による都市計画提案制度の創設、ワークショップといったいわゆる住民参加の機会の増加など、行政との対抗関係によらない住民の〈共同性の観念〉の獲得につながる場面を思いつく。

　そして、都市計画のなかでも区画整理の現場では、そもそも住民運

動の対象としての事業の減少が顕著になっている。図4-1には区画整理の事業データベースである区画整理促進機構『区画整理年報』(2017年度版)より作成した、現在の都市計画法が施行された1969年の翌年度にあたる1970年度から2016年度までの区画整理の認可状況を示した。これによると1972年度の350地区・1万3227.4haをピークとして、オイルショックを経た1970年代後半以降は概ね200〜250地区で推移してきたものの、2003年度以降は100地区を切るようになり、2010年度には53地区・577.5haという最小値を記録した。その背景には2000年代を過ぎて特に言われるようになった人口減少社会の到来、それに伴う土地需要の低下、そして税収低下や経済規模縮小という都市開発財源の不足という問題があげられる。すなわち、区画整理をめぐり、住民と行政が「たたかう」場面自体が減少している。

　この減少傾向は、事業の変容を迫っている。2000年代以降の区画整理を象徴するキーワードの一つは「柔らかい区画整理」である。これは2007年に答申が行われた社会資本整備審議会「新しい時代の都市計

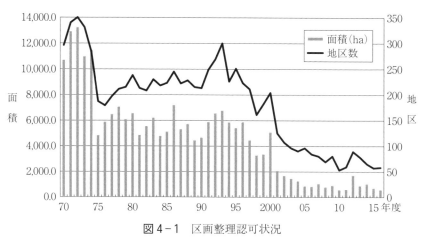

図4-1　区画整理認可状況

注：区画整理促進機構編集・発行（2018）『平成29年度版　区画整理年報』より筆者作成。

画はいかにあるべきか。（第二次答申）」において、市街地整備のあり方のなかでも展開すべき主要な施策の一つとして位置づけられている。それによると、従来の画一的な区画整理の運用を改め、「公共減歩のない事業」「住民の合意形成や事業期間を勘案し、区域界を敷地界にするなど施行地区を柔軟に設定」「従後の土地利用を勘案し、柔軟に集約換地等を実施」等のメニューを示している。つまり、土地区画整理法第89条にいう換地の照応の原則の解釈、減歩の妥当性といった、区画整理住民運動が指摘してきた問題を争点から外す提言である。

　このように近年の状況を概観すると、区画整理住民運動をめぐる以下の問いに行き当たる。住民と行政との共同の場面の拡大、区画整理の減少と変容は、従来の「たたかう」運動から「つくる」運動へという概念的枠組み自体を無効にしつつある。では、換地や減歩などをめぐる区画整理住民運動の「たたかう」運動の経験から「つくる」運動へという質的な変容の検討も、意味を失したのであろうか。区画整理住民運動が自ら私的所有の調整を図り、地域空間の自主的コントロールという社会的所有を実現できた、あるいは実現できなかった経験は、必ずしも行政との対抗関係によらない住民の〈共同性の観念〉の獲得が問われる場面で、意味のある知見となり得るのか。

　本稿の目的はこの区画整理住民運動と地域空間の自主的コントロールをめぐる経験の意味を、設立50年を迎えた区画整理・再開発対策全国連絡会議（以下：連絡会議）の歴史から問い直すことにある。すなわち、区画整理住民運動の(1)地域空間の自主的コントロールの実現に対するとりくみを概観すること、そして(2)とりわけ区画整理住民運動が自ら私的所有の調整を図った事例の示唆を整理すること、を目的とする。このため本稿では連絡会議が発行する『区画・再開発通信』（以下：『通信』）を手がかりとして考えていく[*3]。

　以下、本稿では「地域空間の自主的コントロール」を、区画整理に

よる換地や減歩といった事業計画の内容に関わる運動のみではなく、区画整理住民運動がその地区を単位として個々の土地利用や建築に社会的所有という意味での共同性を持たせようとする運動として考える。また、それを都市計画行政との関係から考えるため、主に公共性の高い事業の施行者と言える、公共団体・機構等施行[*4] を事例とする。

1　『区画・再開発通信』に見る地域空間の自主的コントロール

　区画整理住民運動の系譜は戦前から見られるが（岩見、1978、pp. 217-222）、その全国横断的な情報連絡センターが1968年11月に発足した連絡会議である[*5]。情報連絡センターとは、連絡会議は運動の指導的立場にあるのではなく、各地の運動のなかで編み出された知恵と経験をつなぐ結び目であることを意味している。したがって、『通信』に見られる各地の運動を紹介する記事にいたずらな方向付けはなく、その時代と地域の状況を反映した主張が読み取れる。

　では、この50年の歴史のなかで、区画整理住民運動は地域空間の自主的コントロールといかに向き合ってきたのか。また、そのために私的所有の調整にとりくんだ形跡とはいかなるものか。表4-1には『通信』の創刊号である1970年1月号以降、本稿執筆時点である2019年7月号までの通巻595号を概観し、地域空間の自主的コントロールとして読み取ることのできる事例を年代順に整理した。

　ここでは当該地区において区画整理の動きが見られた年代ではなく、地域空間の自主的コントロールに関する動きが見られた年代によってまとめた。その年代は1970、1980、1990、2000年代以降の4区分で示した。以下、各年代の特徴を見ていく。なお、特に文献に関する注記がない場合、表4-1に示した『通信』掲載号に依拠している。

表4-1　区画整理住民運動と地域空間の自主的コントロール

凡例：所在自治体名　地区名（施行〔予定〕者）（あれば）団体名
　　　主な内容（『通信』掲載号・例：1907 = 2019 年 7 月号）

【1970 年代】

立川市　立川駅南口（立川市）　立川駅南口区画整理反対連盟
一部の住宅地を 3 年間は現状のままとし、住民が望むなら区域除外（7103）／住宅地は「低度利用」を基本としながら、高度利用競争で場外馬券売場進出（8503）／ビル化、人々の入れ替わりに対応して住環境にも大きな変化（8808）／区画整理を経て「まち」が歓楽街に変貌（0309）

足立区　足立北部舎人町付近（舎人・都）　舎人・入谷地区区画整理協議会／入谷区画整理対策小住宅会
住民主導で「中小企業団地」換地（7110）／30 坪以下減歩なしの他、住宅地を幹線道路から 100m 以上離すことや、用途純化を実現（7308）／借家営業者が自分の土地・建物で営業できるようになった（8203）

横浜市　港北ニュータウン（機構）　港北ニュータウン小規模宅地所有者の会
小規模宅地所有者への減歩免除や増換地に加え、自然破壊を防ぎ緑地面積の増加を要求（7303）／減歩や移転への要求に加え、自然や遺跡を守る運動とも連携（7507）／現状と課題、存置街区の問題など（8105）／宅地会解散、「既存住宅の改善もまちづくり」（9705）／小規模宅地の換地改善など運動の成果（9711）／細長いビルが林立する申出換地のその後（0403）／集約した換地の資産運用、小学校用地の切り売り（1001）

藤沢市　辻堂南部〔市〕　辻堂南部の環境を守る会
すでに区画整理の白紙撤回を勝ち取っていた辻堂南部で守る会が「町づくりの基本」7 項目を採択、市にも同意させる（7309）／「幹線道路廃止」を公式に確認（7709）／守る会解散、まちづくり合同委員会に活動は引き継がれる、1992 年 10 月には「辻堂南部地区整備計画」提出（9305）

八王子市　上野第一（市長）　上野第一地区区画整理対策同盟（権利者同盟）
交通公害をなくすため都市計画道路の構造変更を実現、すべての宅地が公道に面するよう要求（7503）／「今後地区の建築規制・用途地域を自らどう決めて行くのかが問われてくる」（8012）／換地処分から 12 年、建築の中高層化が進行（0307）

【1980 年代】

江戸川区　西瑞江駅付近（西瑞江・都）　土地区画整理事業を考える会
地下鉄事業を区画整理から切り離すことなどを主張（8002）／仮工場建設、都市計画道路用地は公有地放出・先買いで対応（9205）／画期的な成果の陰で密集化、日照悪化、交通量の増大（9408）

豊島区　池袋二丁目付近（池袋北・都）　池袋北地区の環境を守る会
無秩序な雑居ビルの乱造を防ぐための共同ビルづくり（8412）／「広い幅員の道路に林立するビルの街」への変貌（8806）

平塚市　富士見町〔市〕　富士見町区画整理対策協議会／富士見町内会まちづくり協議会
静かな生活と貴重な財産を侵害する区画整理に反対陳情、凍結へ（8506）／対策協議会

からまちづくり協議会へ、まちづくり構想策定、行政に住環境改善を要求（9104）／「まちづくり提案」をまとめ道路の計画的整備などを提案（9209）／地区計画決定から日常としての「まちづくり」へ（0802）／地区計画決定から少しずつ道路を実現（1109）

【1990 年代】

西宮市　西宮北口駅北東（市）　西宮北口北東の区画整理を考える会
住民負担のない震災復興区画整理を求めて「区画整理に対する『考え方』と私たちの『要求』」をとりまとめ（9805）／低層で日当たりのある住宅地にするため地区計画について要望（0202）／「まち」は再建されたが住民どうしのつながりづくりはこれから（0708）

神戸市　湊川 1・2 丁目（組合）
阪神・淡路大震災の被災から「住宅再建できるか」という住民の要求で始まった組合施行ミニ区画整理（9602）／まちに戻るための共同化住宅建設（9806）／共同化住宅完成、「利用を変える」視点で私道提供による公道整備（0202）

江戸川区　瑞江駅北部（区）
住民の発想による小規模宅地の共同化（9707）

春日井市　勝川駅南口周辺（市）　勝川駅南区画整理を考え、行動する会
密集住宅市街地整備促進事業によるコミュニティ住宅導入の一方で進む地区からの転出（9906）／コミュニティ再生の道は長い（0311）

神戸市　神前町 2 丁目（組合）
ミクロな意向をまとめあげた阪神・淡路大震災復興区画整理（1902）

【2000 年代以降】

足立区　六町四丁目付近（六町・都）　住民が納得する区画整理を考える会
衰退する地域の一方で常磐新線の開通、複雑な住民の心境、住環境保全策（低増進街区）の実現など意見要望（9709）／換地による土地利用の改善（低増進街区・共同化住宅）（0305）

三郷市　三郷中央（機構）　三郷中央宅地会
港北ニュータウンに学び、存置の解消など住環境改善を要求（0205）／買い増し合併換地、存置街区の解消など運動の総括（1509）

東松山市　和泉町（市）
仮換地指定したものの凍結となった事業に住民参加で提言（まちづくり計画）（0401）／凍結後のまちづくり計画の内容、市街地整備の課題（1107）／まちづくり計画から現道を活かした市街地整備へ（1907）

注：区画整理・再開発対策全国連絡会議編集・発行『区画・再開発通信』通巻 1 号〜595 号及び『50 周年記念誌』（2018 年）、より筆者作成。各年代のなかで『通信』掲載号の早い順。港北ニュータウンの換地処分当時の施行者は住宅・都市整備公団だが、後継の都市再生機構に含めた。

2 事業のなかでの地域空間の形成に関する
主張、辻堂南部の経験［1970年代］

　高度経済成長に伴う都市開発が各地で行われた1970年代の『通信』を見ると、対峙する住民運動の熱気が伝わってくる。紙面には個々の居住や営業の権利を守るとともに、地域空間の保全や改善を求める住民運動の主張が展開されている。

　例えば、『通信』1971年3月号（通巻15号）には「町づくりと区画整理運動」と題する解説記事がある。この記事は「区画整理運動の勝利は、計画の撤回、事業の中止という成果だけを指すのではない。住民の自分たちの町に対する様々な要求が実現されてこそ、真の勝利だといえるのである」との書き出しで始まる。そして、住民の個別の要求を全体として成功していくよう「マスタープラン（基本計画）が作られねばならない」とし、地区の環境整備を進めていく運動事例を紹介している。

　この1970年代には、立川市立川駅南口地区、足立区舎人地区、八王子市上野第一地区といった既成市街地での、都市改造型の区画整理の経験がある。この内、立川駅南口地区と上野第一地区は事業後の地域空間の様子について、『通信』に度々取り上げられている。立川駅南口地区は立川駅に接する住商の混在した市街地であった。したがって駅前や幹線道路沿道での土地の有効「高度利用」が期待される一方、住宅地では「低度利用」を基本に区画整理のなかで住環境を守ろうという要求があった。そこで一部の住宅地では3年間現状のままとし、その先で住民が望むのであれば地区から除外するという動きがあった。しかし、商業地や幹線道路沿道での高度利用が進むと、住商の混在に加えて中高層のマンションと低層の戸建て住宅が混在する市街地となっ

た。現地では戸建て住宅に近接して場外馬券売場が立地する様子など、極端な土地利用の混乱も認められる。

　上野第一地区では減歩や補償に対する運動を強める一方、交通公害をなくすよう都市計画道路の道路構造を改めさせるなど、地域空間の形成にも強く発言する運動が行われた。また、『通信』1980 年 12 月号（通巻 132 号）では、事業が進むに連れて、「今後地区の建築規制・用途地域を自らがどう決めていくのかが問われてくる」という当地の運動リーダーの発言が掲載されている。だが、こちらも事業後にはビル化が進み、低層と中高層の建物が混在する市街地が出現した。遮られた日照をめぐって、かつての住民運動も含めた地元住民団体からは「太陽が欲しい！！」と問題を提起するチラシが地域に配布されるほどであった。

　この年代には郊外での新住宅市街地開発も進んだ。区画整理による開発も多く、『通信』では横浜市港北ニュータウンを度々取り上げている。港北ニュータウンの区画整理は 1317ha に及ぶ広大な事業だが、一部ではすでに小規模な住宅が建てられており、その住民による「港北ニュータウン小規模宅地所有者の会」（略称：宅地会）の運動が行われた。宅地会は特に減歩の緩和や換地の活用に関して、各地に引き継がれる運動経験を残した。宅地面積の増加を図る「買い増し合併換地」の実現などが知られる。そして、自然破壊を防ぎ緑地面積を増やすことや、換地の工夫によって日照など住宅地の環境を守ることなど、地域空間の形成に関する主張も実現された。だが、減歩負担の緩和と引き換えに事業前の状態のままとする「存置」街区の環境改善の問題、集約した換地の資産運用に伴う土地利用の混乱に関する問題など、事業後の地域空間の問題が見られた。

　一方、藤沢市辻堂南部は区画整理の「白紙撤回」を勝ち取ることから地域空間の自主的コントロールを目指した運動として、今日でも語

り継がれている。辻堂南部は東京都心からJR東海道線で1時間ほどの閑静な住宅地だが、昭和40年代の初めに道路計画を実現するための区画整理が行政から提起された。これに対して「辻堂南部の環境を守る会」はさまざまな反論を通じ、1968年、区画整理を阻止した。そして白紙撤回に止まらず、懸案であった住環境に関する課題を把握し、市に整備を進めさせるとともに、住民による各種構想や計画を認めさせた。その様は、さながら辻堂南部を自治区とするかのようであった。

　この運動を牽引した安藤元雄氏の主張は明快である。住民は土地を自らの生活のために利用するのであり、その利用は周囲の状況を含めて成立しているのだから、地域の環境について主張することにこそ公共の利益があるという（今西、2006、pp.6-7）。この主張は氏のさまざまな著作[*6]、『通信』や全国研究集会における発言を通じて各地に伝わった。1970年代の区画整理住民運動における、事業のなかでの地域空間の形成に関する主張には、氏の主張の影響も大きいと考えられる。

写真4-1　辻堂南部での敷地の分割
（2019年8月、筆者撮影）

しかし、各地の事業後の土地利用では高度利用が進み、住環境への影響が生じた。つまり、この年代の運動に地域空間の自主的コントロールの萌芽は見られるが、運動自身がその役割までを担い得なかったことがうかがわれる。

なお、守る会は1993年3月に解散したが、活動は地域の各種委員会に引き継がれたとされている（『通信』1993年5月号〔通巻281号〕）。だが、現在の当地では運動を経験した世代の交代があり、売却された住宅敷地が分割され、分譲されている様子が各所で見られる（写真4－1）。敷地の細分化は建物の密集など、住環境に影響を与える場合が少なくない。これに対して、辻堂南部では地区計画など住環境を保全するための規制にまでには至っていない。

3　なお困難な区画整理のなかでの地域空間の自主的コントロール、辻堂南部から富士見町へ［1980年代］

1970年代の区画整理住民運動の経験は、1980年代に理論化されていく。連絡会議が編集した1976年の『区画整理対策のすべて』（1988年改訂）、1983年の『区画整理対策のじっさい』はその代表的な理論書であり、各地の運動に普及した。例えば「ノー減歩・ノー清算」といった住民負担の軽減を求める主張は、各地の運動で実現された。

その代表的な運動の一つが江戸川区西瑞江地区の「土地区画整理事業を考える会」である。この地区の事業では都営地下鉄新宿線の延伸、新駅（瑞江駅）設置に伴い、駅前広場整備を含めた市街化を図ろうとした。しかし、いわゆるミニ開発が進んでおり、50㎡以下といった小規模宅地も少なくなかった。つまり減歩負担は死活問題である。そこで、考える会は区画整理の事業化を阻止する運動から始め、1982年1月の事業計画決定後は大項目8・小項目27に及ぶ「私たちの要求」を

まとめて施行者である都に提出、結束して対峙した。その結果、土地評価に踏み込んでの減歩緩和の実現、公有地放出・先買いによる公共負担での駅前広場整備、生業を守るための仮工場の建設といった「成果」をあげた。

しかし、西瑞江地区では幅員4mの街区で、減歩を免れた小規模宅地に3階を中心とする住宅建設が進み、低層階では日照の確保が難しい状況が見られる（写真4-2）。また、瑞江駅周辺では建物の中高層化が進み、用途としても住宅地とは不整合を来す娯楽施設などが立地した。

豊島区池袋北地区では無秩序な雑居ビルの乱立を防ぐため、共同ビル建設のとりくみが行われた。個々の土地・建物に関する権利の保全に目が向くなかで、その共同化を図ろうとした点で特徴的である。だが、実際に共同ビルは建設されたが、周辺も含めてビル化は想像以上に進み林立する状態になったこと、そのビル建設や経営も困難の連続であることを『通信』1988年6月号（通巻222号）は伝えている。このように、1970年代の運動を経て西瑞江地区や池袋北地区では事業を変えるとりくみが見られた。しかし、運動自身が地域空間を制御するまでには至らなかった。

そのなかで、区画整理を拒否して地域空間の自主的コントロールにとりくんだ運動が平塚市富士見町である。戦前からの住宅地であり、道路と下水・排水の未整備が問題となっていた。市はその整備をうたい1985年2月に区画整理の計画を住民に提示したが、実際には地域をつくりかえる道路計画を実現する内容であった。しかも、市は一般の住民に対して秘密裏に、町内会に事業推進のための組織結成を促していた。こうした計画や推進体制に反対する住民が翌3月に署名運動を開始、5月には「平塚市富士見町区画整理対策協議会」を結成、住民の多数を掌握した結果、同月、市長は区画整理の「凍結」を宣言した。

写真4-2 日照の確保が難しい事業後の小規模宅地
（西瑞江地区、2019年7月、筆者撮影）

　ふつう、区画整理の白紙撤回や凍結を勝ち取れば運動は終息して不思議ではない。しかし、富士見町では対策協議会が「下水・排水アンケート」（1985年7月）や、「地区の実情を話し合う会」（1986年2月）など地区の問題を発見するとりくみを行い、地域空間の自主的コントロールへと運動を進めた。そのため対策協議会は町内会に「まちづくり部」を設置させ（1987年4月）、さらに「富士見町内会まちづくり協議会」の発足（1990年6月）へと展開した。つまり、町内会改革そのものであった。

　そして、まちづくり協議会では大きく四つ、地域への働きかけを行った。第一は「富士見町内会地域まちづくり提案」（1992年6月）であり、「まちづくりの方針」として、「まち」のヴィジョンを提案した。道路や下水・排水の整備だけではなく、「みどりに恵まれ、日当たりと風通しの良い閑静で風格のあるまちづくり」という地域空間の目標を示した。その実現には地区計画といった方法の導入が考えられるが、

写真4-3 地区計画の下での道路の地道な拡幅
（富士見町、2019年8月、筆者撮影）

それまでの過渡的な対応として第二に「まちづくりのための暫定的協定」（1997年2月）を提案した。これは自主協定であるが、建築行為の際はまちづくり協議会との協議・調整を行うことなどを働きかけた。

引き続き第三として1998年3月には「日溜まりのまちをめざして──まちづくり構想──」を提案、実効性のある地域空間の自主的コントロールを目指して、地区計画の導入を方向付けた。その後、第四として地区計画の都市計画決定が2005年11月に行われた。地区計画が決定されると自治体による地域空間の管理に移行する場合がほとんどだが、富士見町の場合は現在に至るまで、道路の地道な拡幅などまちづくり協議会が地区計画の下での協議を継続している（**写真4-3**）。

このように1980年代には西瑞江地区や池袋北地区といった、区画整理の技術的な変更を迫る運動が行われた。しかし、区画整理を通じた地域空間の自主的コントロールには課題を残した。一方、富士見町のとりくみは辻堂南部を一歩先に進めたと言える。少なくとも、①地区

計画という地域空間の自主的コントロールのための具体的な方法の導入、②その実現を担った運動（まちづくり協議会）の継続的なコントロールへの関与は富士見町独自の特徴と考えられる。

4　区画整理の減少のなかでの地域空間の形成に対する画期的な動き［1990 年代］

　1980 年代から富士見町のようなとりくみが見られた背景には、地区計画など住民参加を前提とする都市計画の方法の普及が考えられる。しかし、時期を同じくして中曾根アーバンルネッサンス、土地バブルへと続く規制緩和の流れを受け、1990 年代にはまた住民の生活や権利を脅かす都市開発、区画整理が展開した。1990 年前後の『通信』では、納得できない区画整理を是正しようとする運動が多数見られる。

　ところが土地バブルの崩壊は、一転して区画整理の施行を少なくした。先の図 4−1 を見るとわかるように、土地バブルの崩壊期とされる 1991 年度（249 地区・5884.0ha）、1992 年度（269 地区・6557.2ha）、1993 年度（300 地区・6770.4ha）において認可状況は上昇している。これは、保留地は売れるという見込みの下、土地バブルの最中に計画された、主に組合施行の区画整理が事業化された結果である。しかし、その後の地価下落により保留地処分困難に陥り、事業経営の「破たん」状態に直面する事業が増加した（区画整理・再開発対策全国連絡会議、2001）。以後、区画整理そのものの減少が公共団体・機構等施行においても顕著になる。

　その最中、1995 年 1 月に発生した阪神・淡路大震災からの「復興」区画整理では、防災性の強化を前提に震災以前の市街地での住宅再建を目的とする区画整理が 5 市・20 地区で行われた。『通信』でたびたび取り上げた西宮市西宮北口駅北東地区では地震による建物の倒壊と

いった甚大な被害を受け、住宅そして生活の再建のため「西宮北口北東の区画整理を考える会」による運動が行われた。その仮換地指定後の建築が行われる段階で、市は住宅地でも中高層の建築が可能になる地区計画案を提示した。これに対して考える会は低層住宅の日照が守られるよう運動を展開、高さ制限を設けさせた。

　神戸市湊川１・２丁目、神前町２丁目の２地区では、住宅再建のため住民自らが小規模な組合施行区画整理を実施した。道路など建築の条件を整えるとともに、湊川１・２丁目地区では換地を活用した共同化住宅の建設も行われた。いずれも区画整理住民運動によるとりくみではなく、公共団体・機構等施行の事業でもないが、住民自らが生活を取り戻すために地域空間の形成を試みた実例として、『通信』では取り上げてきた。

　このような建物整備と一体となった区画整理の動きは1990年代、他の地区で先駆けて見られていた。例えば江戸川区瑞江駅北部地区では小規模宅地の住民の発想から、換地を活用した共同化住宅の建設が行われた。この地区は西瑞江地区に隣接しており、事業化の際にはその経験も参考に負担の軽減を求める住民運動が激しく行われた。しかし、西瑞江地区で住宅の密集が進む様を見て、共同化住宅の建設による密集の緩和、個々の居住面積の拡大など、住環境の改善を目指す住民が現われた。地区全体から見れば一棟の試みだが、隣接する区画整理住民運動の残した教訓が地域空間のあり方を変えようとする動きに結実した。この他、春日井市勝川駅南口周辺地区では「勝川駅南区画整理を考え、行動する会」の運動があったが、零細な権利を守るためのコミュニティ住宅（公営住宅）の導入が実現、居住の継続とともに長屋が建ち並んでいた事業前の状況から見て住環境の改善が実現した。

　1990年代は区画整理の減少があり、区画整理住民運動も減少に転じた。そのなかで発生した阪神・淡路大震災では住宅再建という課題に

対して、住民による地域空間の自主的コントロールや区画整理の活用と呼ぶべきとりくみが生まれた。また、建物整備と一体となった区画整理の動きは、それまでの密集市街地を再生産するかのような区画整理、そして区画整理住民運動自身の教訓の上で編み出された。つまり、1990年代は区画整理及び住民運動にとって、むしろ画期的といってよい経験を残した時代と言える。

5　地域空間の自主的コントロール
　　　に向けた転機［2000年代以降］

　区画整理の事業経営の破たんは、住民運動に対しても従来の「たたかう」運動とは異なる対応を迫った。組合施行では破たんに直面した組合による再度の減歩や賦課金の徴収に反対する住民運動が多く見られたが[7]、その一方で事業を早期に収束させなければ貸付利子の増大などによりいっそう組合経営がひっ迫するため、運動も当事者として対応せざるを得なかった。

　公共団体・機構等施行については、財政危機や住民との合意形成の困難に端を発する事業の長期化を指して破たんと考えられる。つまり、公的資金ゆえに貸付利子の問題などなければ事業を放置すればよいということになるが、住民としてはただ都市計画や区画整理による建築制限[8]を受け続けることになる。これは地域空間の形成という点から見れば現状の維持ではあるが、積極的な改善からは遠い状態となる。

　こうした事業の長期化に直面した事例の一つが東松山市和泉町地区である。和泉町地区は1968年5月に区域の都市計画決定、1993年3月に事業計画決定が行われ、1998年3月から仮換地指定も始まっていた市施行の事業である。しかし、市の財政状況に見合わない事業費の増大、減歩や移転をめぐる住民の反対があり、市は2002年3月に「和

泉町地区の住環境を考える委員会」を組織して事業の見直しへと舵を切った。この委員会には、事業に異を唱えていた区画整理住民運動の住民も参加、1年間で16回に及ぶ審議を経て「和泉町地区の住環境についての調査検討報告書」をまとめた。この報告書に盛り込まれた提言「まちづくり計画」は都市計画道路を前提とせず、現道を活かした提案を行った。これを受けて2004年3月に市長が事業「凍結」を宣言した。以後、地区の改善のためのとりくみは未だ緒に就いた段階であるが（『通信』2019年7月号〔通巻595号〕）、破たんを通じて地域空間の形成に住民が関わった、まれな事例となった。

　一方、地域空間の自主的コントロールに向けて課題を残した1970～80年代の運動経験をふまえた、特徴のある区画整理住民運動が2000年代以降には見られる。二つあげると、一つは足立区六町地区である。六町地区は足立区北東部に位置する、元々は鉄道の不便な地域であった。住宅・農地・工場等が混在する既成市街地で、住宅にはミニ開発による小規模宅地も多かった。ここにつくばエクスプレスの新駅（六町駅）が設置されることになり、駅前広場整備を含めた市街化を図るという、かつての西瑞江地区と似た事業であった。

　この地区では1997年10月の事業計画決定に対して複数の団体による運動が行われるなど、住民の権利保全への要求は高かった。その団体の一つである「住民が納得する区画整理を考える会」では、事業計画決定にあたって4000通以上の意見書を提出し、早々に都との交渉を行っている。交渉では都が想定する事業後の中高層住宅の立地誘導に対して、2階建て専用住宅の住環境保全を実現する「低増進街区」の設置を働きかけた。低増進街区とは六町地区で使われるようになった用語と解してよいが、地区計画など都市計画によって小規模宅地の利用及び価額の増進を限定した換地が集積する街区である。すなわち、2階建て専用住宅を継続するダウンゾーニングの地区計画を決定する

ことで住環境を守るとともに、建物を中高層化できない、増進の低い街区として減歩負担を低減する。

　考える会ではその実現に向けた学習、住民の意向の把握、さらには換地設計における調整にまで関わった。その結果、写真4-4に示すように2階建てで日照の得られる街区が完成した。これは施行地区面積69.0ha中0.4ha、権利者数2077名中33名という限られた範囲だが、密集の再生産を引き起こさないために、住民運動が地域空間の自主的コントロールを目指して技術的な変更を迫るとりくみであった。

　もう一つが三郷市三郷中央地区である。この地区もつくばエクスプレス開通に合わせた新駅（三郷中央駅）設置とその周辺の市街化を目的とした事業である。ただし、事業前は市街化調整区域であり、一部の農地がスプロール化していたため、農家としては農業用水の汚染による営農継続の困難、ミニ開発による小規模宅地の住民としては手狭な居住面積、道路や下水・排水などインフラの未整備といった住環境

写真4-4　六町地区の低増進街区
（2012年3月、筆者撮影）

問題を抱えていた。

　この地区では 1998 年 3 月に事業計画決定が行われたが、先駆けて 1994 年から「三郷中央地区宅地会」による運動が行われてきた。宅地会は港北ニュータウンの経験に学んだ。具体的には事業に反対の立場はとらず、「ノー減歩・ノー清算」「区画道路は 6m」「宅地の区画は 30 坪以上で良好な居住環境を」といった要求で一致する運動を行った（『通信』2002 年 5 月号〔通巻 389 号〕）。運動の過程では土地区画整理審議会以外に、施行者である都市再生機構や三郷市と 150 回にわたる協議を行った（『通信』2015 年 10 月号〔通巻 550 号〕）。

　すなわち、宅地会は区画整理を通じて住民の要望する地域空間の形成を図る運動であった。結果として、買い増し合併換地の実現といった個々の宅地の改善の他、港北ニュータウンでは課題として残された存置街区を一定、解消するに至った。

　こうして見ると 1990 年代から 2000 年代以降にかけての区画整理の状況変化は、地域空間の自主的コントロールに向けた転機となったように見える。辻堂南部や富士見町では事業の白紙撤回や凍結を勝ち取ることから地域空間の形成に向けた試行が始まった。だが今や和泉町地区のように施行者から事業の見直しを提起せざるを得ない状況となっている。また、六町地区では運動から低増進街区の設置を働きかけ、三郷中央地区では反対の立場はとらず事業のなかで地域空間の形成を実現した。それぞれ都や都市再生機構という財政や技術の豊富な施行者であることをふまえても、住民の提案的なとりくみが意味を持つ状況への変化を示している。

まとめ
──区画整理住民運動と地域空間の自主的コントロールの系譜

　住民と行政との共同の場面の増加、区画整理の減少と変容という、「たたかう」運動は「つくる」運動へ質的な変容を果たしたとの概念的枠組みなど無効に見える状況変化のなかで、行政との対抗関係によらない住民の〈共同性の観念〉の獲得は可能か。すなわち、社会的所有という意味での地域空間の自主的コントロールは可能か。本稿では区画整理住民運動の50年から概観した。

　1970、1980、1990、2000年代以降の4区分から事例を整理したが、これらをさらに市街地の種類もしくは事業目的から五つに区分し、区画整理住民運動と地域空間の自主的コントロールの系譜として図4-2のようにまとめた。以下、区画整理住民運動と地域空間の自主的コントロールという主題に関する経験に厚みがあった①から③について内容を確認し、区画整理住民運動が自ら私的所有の調整を図った事例の示唆を整理してまとめとする。

1　事業改善・既成市街地

　既成市街地における区画整理において、換地や減歩をめぐって改善を求める運動は、連絡会議の50年を概観すると各年代に見ることができる。本稿ではそれらのなかでも『通信』で重ねて取り上げた事例に触れた。1970年代の立川駅南口地区や上野第一地区では地域空間の形成に関する試みの萌芽が見られたが、具体的な実現の手立てはなく、事業後の土地利用の混乱があった。1980年代の西瑞江地区では小規模宅地対策、池袋北地区では共同ビル建設という、1970年代の経験をふまえた、区画整理を技術的に変える運動の成果があった。しかし、小規模宅地における3階を中心とする住宅建設やビルの林立という事業

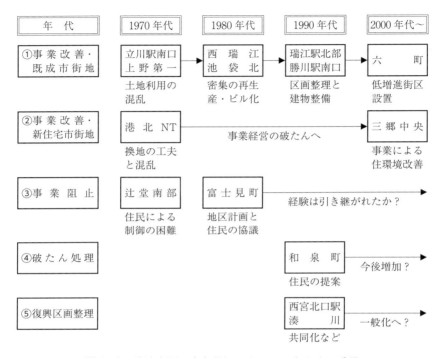

図 4-2 地域空間の自主的コントロールをめぐる系譜

後の土地利用からは、私的所有の調整、つまり運動自身による地域空間の制御の困難がうかがえた。

　こうした1970、1980年代の経験は苦い教訓とも言えるが、1990年代の瑞江駅北部地区、勝川駅南口周辺地区、⑤阪神・淡路大震災復興区画整理での建物整備と一体となった区画整理、そして2000年代の六町地区における低増進街区の設置に活かされていく。六町地区の運動に中心的に関わった大串里子氏は事業に際して都内の施行地区を何個所も訪ね、「江戸川に行っても板橋に行っても、小さなところの南側に5階が建って、『昼なお暗い街』を見た」経験から、「たんに地区計画による制限だけではなく、換地設計をうまくやらないと成功しない」

という結論を導いている（大串、1999、pp.1-2）。そこから換地設計における私的所有の調整にまで踏み込んだ低増進街区の設置が実現している。個々の土地所有あるいは土地利用に対して、区画整理を経て調整を図ることは不可能ではないことを、この①に関する経験は示している。

2　事業改善・新住宅市街地

　本稿では公共団体・機構等施行の事業に着目したため、主に組合施行が担ってきた新住宅市街地における事例は多く取り上げなかった。そのなかで、1970年代の港北ニュータウンにおける運動は買い増し合併換地といった換地の工夫に加えて、緑地面積の増加など多様な住環境への働きかけを行っていた。しかし、一方で存置街区の解消や、集約した換地の資産運用に伴う土地利用の混乱など、地域空間の制御の困難は既成市街地と同様に教訓として残された。

　その後、土地バブルにおける組合施行による新住宅市街地開発と事業経営の破たんを経て、港北ニュータウンの経験に改めて光を当てた運動が2000年代の三郷中央地区である。三郷中央地区宅地会で会長を務めた市橋敬造氏は「同じ公団施行による横浜市・港北ニュータウン小規模宅地所有者の会の経験・教訓に多く学んでいます。公団という組織との折衝の仕方、なかでも『小宅地街区』をつくり、民間から宅地を買い、合併換地を実現させた経験などです」と述べている（市橋、2002、pp.6-7）。そして、存置を「教訓」として位置づけ、「開発後は最低30坪以上の適正な宅地に」「存置は残すな」等の要求を機構に実現させた。一見すると三郷中央地区の運動は換地や減歩の改善、ひいては個々の権利の拡大に力点がありそうだが、「住環境の改善と住民主権・住民本位のまちづくりを要求」したこと、それによって住民相互に一致したことを氏は強調している。つまり、港北ニュータウンとい

う他の経験を借りるだけではなく発展させ、住環境の改善という要求
による一致＝私的所有の調整まで行うに至ったことが②の経験である。

3 事業阻止

　白紙撤回あるいは凍結というかたちで区画整理を阻止し、その後の
地域空間の自主的コントロールにとりくんだ事例として1970年代の
辻堂南部、1980年代の富士見町を取り上げた。辻堂南部では白紙撤回
以後、住環境に関する課題の把握に始まり、地域における組織づくり、
そして市に住民による各種構想や計画を認めさせる運動を展開、正に
住民自治を体現した。その中心を担った安藤氏の主張は地域に止まら
ず、現在でも連絡会議の理論的支柱になっている。しかし、住宅敷地
の分割など土地利用の綻びが見られる現状を、どう評価すべきか。住
民による運動と自治によって紳士的に成立していた私的所有の調整が
世代交代のなかで綻ぶことについて、地区計画といった明文化された
規制に至らなかった結果と結論づけるのは、あまりに高度な要求であ
ろうか。

　その点で、本稿では富士見町のとりくみを一歩先に進めたと表現し
た。とりわけ地区計画の策定自体を運動の完成形とせず、今日もなお
まちづくり協議会による継続的な地域空間の自主的コントロールへの
関与が行われている点で、辻堂南部の運動をさらに進めたと考えるか
らである。しかし、この二つの事例の経験を、連絡会議はどれだけ今
日に引き継いでいるだろうか。50年の歴史において同種の試みは決し
て多くはないことも、表4-1から読み取れる実情である。

　区画整理住民運動の50年の歴史を概観すると、換地や減歩などを
めぐる「たたかう」運動にも地域空間の自主的コントロールの萌芽が
あったことがわかる。そこから六町地区や三郷中央地区のような私的

所有の調整にまで踏み込んだ事業改善の運動事例が生じるまで、長い年月を要したことが本稿での整理から読み取れる。しかし、六町地区が江戸川区（西瑞江地区）であったり、三郷中央地区が港北ニュータウンであったり、年代や地域を超えて運動の経験が発展し、結実していることも確かである。区画整理の減少や変容は時代の趨勢と言える。だが、具体的には六町地区の低増進街区の設置に見られる換地設計における調整への関与、三郷中央地区での住環境の改善という要求での一致といった事例のように、必ずしも行政との対抗関係によらない住民の〈共同性の観念〉の獲得に至った経験が区画整理住民運動の50年の歴史にはある。これらは区画整理という事業に止まらない、都市計画の多様な場面に参照されるべき知見であると考える。

　また、辻堂南部と富士見町という事業阻止を契機として地域空間の自主的コントロールにとりくむに至った二つの事例は、組織づくり、運動の展開、各種構想や計画の提案、地区計画など規制の導入といった点で、私的所有の調整に対する非常に多くの示唆を有している。区画整理の減少のなかで、例えば④破たん処理からまちづくり計画の提案に至った和泉町地区もそうであったが、事業によらない地域空間の自主的コントロールが要請される場面は増加する。辻堂南部と富士見町を見ると、地域空間の自主的コントロールは長期の時間軸において構想していくべきこともわかる。そうした経験を引き継ぎ、普遍的公共性を持つとりくみとして普及していくことが、連絡会議の課題でもある。

　こうしてみると、区画整理住民運動の50年は住民の〈共同性の観念〉の獲得、率直に言えば共同性を模索した50年であったのではないか。今後に向けて、住民自ら私的所有の調整を図る運動の展開を、さらに展望していきたい。

文献

安藤元雄（1978）『居住点の思想　住民・運動・自治』晶文社。

Habermas, J., 1962. *Strukturwandel der Öffentlichkeit*, Suhrkamp. 細谷貞雄訳
　（1994）『［第 2 版］公共性の構造転換——市民社会の一カテゴリーについての
　探求』未來社。

市橋敬造（2002）「住環境の改善と住民主権・住民本位のまちづくりをめざす
　——三郷中央地区宅地会の区画整理住民運動」区画整理・再開発対策全国連
　絡会議編集・発行、『区画・再開発通信』通巻 389 号。

今西一男（1998）「住民運動による普遍的公共性の構築——区画整理住民運動に
　よる『まちづくり』を事例に」日本社会学会編集・発行『社会学評論』通巻
　194 号、pp.51-67。

——（2006）「ここで生きる『まち』の現在——神奈川県藤沢市・辻堂南部」区
　画整理・再開発対策全国連絡会議編集・発行『区画・再開発通信』通巻 434
　号。

岩見良太郎（1978）『土地区画整理の研究』自治体研究社。

国土交通省都市局市街地整備課監修（2016）『土地区画整理必携（平成 28 年度
　版）』街づくり区画整理協会。

区画整理・再開発対策全国連絡会議編（2001）『区画整理・再開発の破綻　底な
　しの実態を検証する』自治体研究社。

似田貝香門（1976）「住民運動の理論的課題と展望」松原治郎他編著『住民運動
　の論理——運動の展開過程・課題と展望』学陽書房、pp.331-396。

大串里子（1999）「陽だまり街区をもとめて」区画整理・再開発対策全国連絡会
　議編集・発行『区画・再開発通信』通巻 350 号。

注

1　都市計画法第 12 条の 5。一定のまとまりを持った地区を対象に、その実情
　に合ったよりきめ細かい規制を定める制度。ふつう「地区の整備、開発及び
　保全の方針」「地区整備計画」を都市計画決定するが、案の作成段階から住民
　の意見を求めるなど、参加の途が開かれている。

2　ハーバーマス（1962＝1994、pp.303-304）では、互いに競合する利害を普
　遍的で拘束力のある基準、すなわち公益（普遍的利害）にしたがって客観的
　に調整することの必要を説いている。

3 設立50年にあたり、連絡会議では本書に先立って2018年10月、『50周年記念誌』を発行した。本稿の通史の整理は『通信』からまとめた同誌の年表「50年史」を元にした。

4 国土交通省（2016、p.10）によると、公共団体（自治体）、行政庁、都市再生機構（旧日本住宅公団等）、地方住宅供給公社の施行を指している。

5 連絡会議は1968年11月に行われた第1回全国研究集会で設立が提案され、発足した。

6 例えば安藤（1978）はその代表的な著作である。

7 再度の減歩としては、すでに使用収益を開始している宅地であっても分割して一部を付け保留地とし、地権者に買い戻させることが考えられる。賦課金とは土地区画整理法第40条に規定があり、不足した事業収入を地権者組合員の金銭負担で補填する制度である。換地を購入すると組合員となるため、知らずに住宅を買い求めた地権者による反対運動に発展する場合がある。

8 施行区域の都市計画決定が行われた場合、都市計画法第53条による建築制限が行われる。建築の許可の基準は「階数が2以下で、かつ、地階を有しないこと」「主要構造部（中略）が木造、鉄骨造、コンクリートブロック造その他これらに類する構造であること」とされる（同第54条）。事業計画決定が行われた場合、土地区画整理法第76条による建築制限が行われる。施行の障害となるおそれがある建築行為等は、都道府県知事等の許可が必要になる。

5 区画整理と未完の小住宅地対策
——土地利用のライフサイクルと制度の永続性との狭間で

遠藤哲人

　本稿での検討は、都市計画、区画整理、再開発にかかわる住民の土地利用を「時間概念」をもって検討しようという試みである。ここでは土地区画整理事業（以下：区画整理）における小住宅地対策を例示にして考える。

　都市計画の世界では「土地利用」という言葉が数多く使われるが、その土地利用は、文字通り土地ないし広い意味では不動産を利用する「人びとの営み」そのものと考える。そして土地利用は、人びとの人生に限りがあるように一定の年限のサイクルを刻む。それに比して土地ないし不動産、そしてそれらの集合である都市、いろいろな制度は相対的には長い年月で徐々に変化する。人びとの側、人びとの暮らしを主体とすれば、この場合の土地利用は、主体に属する言葉である。他方、こうした区分からみれば、人びとに利用される土地、不動産、都市、制度は、客体である。主体、土地利用のライフサイクルに対して客体は、ふつうは徐々に変化をしていく。

　こういう視点から、区画整理における小宅地対策がなぜ明確に制度化されなかったか、考えてみたい。制度化するには時間の概念を位置づける必要があったのではなかろうか。

1 人々の土地にかける気持ち、暮らしは変化する
──東京の田園都市・たまプラーザ美しが丘2丁目で

　もう十数年も前のとある6月、雨の降りしきる横浜市青葉区内の田園都市線たまプラーザ駅近く、美しが丘の街並みを、都市計画学者・石田頼房先生を師とする「まちづくり研究会」のメンバーで歩いたことがある。たまプラーザ駅は、東京メトロ半蔵門線に東急田園都市線が相互乗り入れし、東京都心部にある大手町駅から40分ほどのところにある。東京の西側、多摩丘陵を1960年代から70年代に区画整理で切り拓いた高級住宅街である。

　そのとき、やはり、と思ったことがある。都市とか不動産は、なかなか形を変えることはないが、人々の気持ち、暮らしは変わるということだ。かつて東急田園都市線が東京都心部まで直結する以前の頃に移り住んだ人々は、40年を経て、高齢期を迎えていた。この高齢者の人々に、丘陵地を切り拓いてつくった高級住宅街は住みにくかろうなと思った次第だ。階段は多いし雨の道から見上げるところに住宅があり、ここを上り下りするのもけっこう骨が折れるだろうなという印象だった。案の定、住民がいなくなった土地が少し崩れたところもみられた（写真5-1）。

　新住民が移転したばかりの頃、近くの住宅街にとってさる迷惑施設が進出するというので、いっせいに反対運動が起き、その最中に自分たちのまちも維持しようと建築協定が結ばれて、やがてそれが地区計画となる。最小敷地規模は180m²と、ゆったりした街並み、住宅街を維持しようという地区計画だ。しかし40年を経て、人々が高齢化し、処分の時代を迎えたとき、高い地価ゆえその規模では売りにくく、空き地になったままというところが散見された。敷地分割でもすれば、

写真 5-1　たまプラーザ・美しが丘 2 丁目にて
　　　　　（筆者撮影）

街並みは崩れるだろうが、人はまだ住むだろうに、と思えた。

　ここに土地利用のライフサイクルと制度の永続性とがマッチしない様を目の当りにした気がしたのである[*1]。

2　なぜ小住宅地対策は制度化されなかったか

1　小住宅地をふくむ区画整理で

　筆者はかねてより区画整理における小住宅地対策がなぜしっかりとした制度にならなかったかを問い続けてきた。その大きな理由に市街地開発事業、区画整理における「土地利用のライフサイクルと制度の永続性」の問題があるのではなかろうか。

　1970 年代から 80 年代は、高度経済成長で農村から都市へ集まった人びとが、都市で一定の所得を得て、さらに郊外に住宅を求めた時期である。大都市圏郊外地では、盛んに区画整理手法で住宅開発が行わ

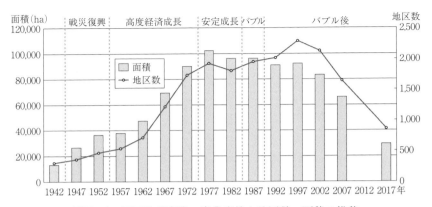

図 5-1　区画整理事業の事業実施中地区数・面積の推移
出所：国土交通省市街地整備課ホームページから、2019 年（2017 年は筆者書き入れ）。

れた。区画整理は、いまでこそ事業施行中は 800〜900 箇所程度（2017年度末）になってきたが、当時は、事業施行中が 2000 箇所近くということも珍しくはなかった（図 5-1）。

　駅前から郊外地へ、小住宅地を含む地域で盛んに区画整理が計画された。

　そうした市街地ないしミニ開発地の区画整理では、「自分たちは住むために土地をもっているんだ。売るために土地をもっているんじゃない」と区画整理を拒否する住民運動が広がっていった。農地とそこへ進出した新しいミニ開発の住宅地などの混在するようなところで大きな住民運動が起こされた。

　区画整理計画が発表されるや、小学校の体育館などを会場にした説明会には、会場を埋め尽くすほど人びとが押しかけ、説明する市職員をつるし上げ、抗議する様はふつうにみられた[*2]。そこで受け入れられたキャッチフレーズは、「土地を利用する立場からは区画整理は受け入れられない」「4m 道路だらけでも、道は曲がっていても、何が困るのか」と区画整理を拒否するものばかりだ。そして周辺の農地や山林

が開発されることにもノーを唱えた。「まちを守れ」「緑を守れ」という言葉が、そこでの共通の気持ち、空気だったと思う。

2 「ノー減歩」という小住宅地対策

区画整理当局は、こうした大きな住民運動にたじろぎ、陰に陽に対策的に打開策を考え、区画整理の事業化段階では、「小宅地対策」[*3] と称して、当初は「ノー減歩」(減歩なし)で乗り切ろうとした[*4]。

区画整理は、ある一定のエリアで地権者に土地の提供(減歩という)を求め、それらの土地で道路を縦横無尽に通す事業である。地権者は道路が通ることでメリットがあるのだから、その「利用増進」、使い勝手の向上に応じて土地を提供しなさいというのが減歩とよばれるものだ。

区画整理当局は、当初「小住宅地には減歩負担を求めません」と明言、じっさいの換地の設計(いままでの土地に対して渡すそれぞれの土地を換地といい、それをはめこむ設計)で、30坪(およそ100m²)なり50坪(165m²)以下の住宅地を減歩なし、という扱いにした。その分、施行者は、大地権者に強めの減歩をかけ、それで道路用地(公共施設用地)などを生みだした。

こうした施策は、事業の始まる前には、一見、「あー、自分たちの土地は減歩されないんだ」という安心感をもたらし、事業当初の住民運動は沈静化していった。

3 随意契約付け保留地方式

しかしやがて各地の住民運動の情報を交流する中で、区画整理における「ノー減歩」扱いだけでは、後々に多額の清算金徴収につながることが分かってくる。70年代、いくつものところで多額の清算金の過酷な徴収に遭う住民の経験も報告され、これはおかしい、「ノー減

5 区画整理と未完の小住宅地対策 113

図 5−2　随意契約付け保留地方式
注：例えば区画整理前の 200m² の土地が 25％、50m² の減歩を
受け、その分を保留地として付けられ買い戻す。

歩」要求だけでは不十分で、「ノー減歩・ノー清算」（減歩なし清算金なし）としてしっかり要求することが大事だという議論が盛んにされた[*5]。

　当時、注目されたのは、前橋市施行区画整理での「随意契約付け保留地方式」（略して「随契保留地方式」）とよばれるやり方だった。保留地を格安で小住宅地に付ける[*6]。前橋市内では、70年代から80年代に盛んに区画整理が行われ、その中で、数々の事業の民主化につながる実践も進められた。その一つが随契保留地方式だった。競争入札方式によらず随意契約、つまりある小住宅地の地権者を特定し、その小住宅地に減歩する分と同じ程度の面積を保留地として付ける方式である（図5−2）。ここでのミソは、それを市場価格の10分の1程度で付けるということだ。

　70年代から80年代の時代は、全国的に地価上昇期であり、施行者はその恩恵にあずかり、外部の一般に処分する保留地を高く売ることで、地区内の小住宅地の地権者には安く売却、付けることが可能になったのである。いわば「地価上昇期における小住宅地対策の便法」ともいえる。

われわれが編集してきた月刊『区画・再開発通信』では、このほか組合施行区画整理で埼玉県の嵐山町の区画整理事業などでの同様の事例もとりあげてきた[7]。

　80年代当時、こうした随契保留地方式は住民運動の強い郊外地区画整理で採用された方式であった

4　清算金そのものも安かった

　しかしそもそも「ノー減歩」だけであっても、中心市街地はいざしらず、郊外住宅地での清算金のレート[8]自体が低かった。

　各地での施行者が清算金徴収・交付で採用するレートは、固定資産税評価額を基準にする事例が多かった。この固定資産税評価額は、80年代までは、せいぜい時価の10分の1～2程度が相場だったのだ。仮に「ノー減歩」の結果、小住宅地の削り足りない分を清算金として徴収をするといっても、時価相場よりはそうとう低かったのである。時価の10分の1～2ということであれば、仮に徴収に納得できなくても泣き寝入りのできる価格だったのだろう。小住宅地での「ノー減歩」で50万、60万円程度の清算金徴収額におさまることも少なくなかった。

　当局の小住宅地対策には、どうせ「清算金のレートは低い」と、たかをくくっていた節がある。

　しかし、これは後の土地基本法の制度化にともない、バラバラな公的な土地評価を一本化しようという動きに大きな影響を受けることになった。土地基本法制定時での考え方では、固定資産税評価額は、公示地価（標準的な時価）の7割程度とするという基準をうちだしたのである。

　するとこれまで時価の1～2割程度の清算金の徴収額が、一気に5倍程度にはねあがるということが各地で大問題になった[9]。

5　区画整理と未完の小住宅地対策　　115

ただ「ノー減歩」だけの対策では、多額の清算金徴収となり住民を納得させることが難しくなったのだ。

5　区画整理前と区画整理後の土地評価を調整する仕方

　区画整理の清算金は、いわば従前宅地価額と区画整理後の換地価額の差があれば、それを清算金として徴収・交付するというものだ。従前の宅地の利用価値を点数で推し量り、金額換算する。区画整理後の換地の利用価値も金額換算する。そしてその差を清算するという風に考える。

　この差が小さければ清算金の徴収交付も縮まる。「土地評価の調整」は、この従前・従後の宅地の利用価値の点数そのものを調整しようというものだ。

　施行者は土地評価基準を作成し、それぞれの土地の「使い勝手」＝利用価値を推し量って点数をつける。通例、三つの基準で点数をつける。街路係数、接近係数、宅地係数である。どの程度の幅員道路に接しているか、鉄道駅や公園からの距離はどうか、宅地自体、どういう住宅街かなどを考慮して点数をつけるのである。これらはいずれも利用価値、いわば住宅など土地としての「使い勝手」を点数にして量るということだ。このような土地利用の「効用」に点数をつける方式が成り立つかどうかはいろいろな議論があるところではあるが[10]、とりあえずはこれらの利用価値に点数をつけ、比較し、土地を交換しあうのが土地評価基準であり、物差しである。

　ここで小住宅地は、仮に接する道路の道幅が広がったところで、商売用に売却するわけではなく、住みつづける限りそれほど「使い勝手」がよくはならない、と考える。それにもとづき、区画整理前と区画整理後では、それほど利用価値の点数を引き上げない。その差があまりなければ、清算すべき点数、清算金徴収は生じないか、僅かなものに

しかならない。

　じっさい各地の区画整理において、区画整理前からの既存住宅地は、周辺の農地などとは格差をつけて評価を引き上げる事例はよくみられた。小宅地係数といったものをもうけ、区画整理前に「ゲタはかせ」を行うのである。東京都施行の江戸川区西瑞江などはまさにその例である。都市再生機構施行（旧日本住宅公団、公共団体施行の類型）の区画整理においても同様の事例がみられる。周辺の畑地などにくらべて造成費をかけた既存宅地はそれなりに評価されてよい、という言い方で設定していたようである。

　他方、日野市施行などで行われていたのは、従後の評価を落とす仕方である[*11]。

　こうしてじっさいに清算金のもとになる評価の落差をなくしてしまうのである。

　国の調査でもこのような「評価の調整」が23件行われていたことが報告されている[*12]。

　しかしノー減歩・ノー清算対策、随契保留地などの対策は、いずれもそれこそ対策的なものであって、社会的な制度として議会などにも報告し公然と確立したものとはいえなかった。

　なぜだろうか。

3　照応原則をめぐる理解

1　照応原則

　区画整理における区画整理前の土地と区画整理後の換地との交換の原則を定めたものが、土地区画整理法第89条に規定のあるいわゆる「照応原則」だ。通例の理解では、「タテの照応」としてここに掲げられている六つほどの項目が区画整理前と後とで照応していることが求め

られている。同時に、通例の理解では、換地の地権者同士は「公平」にこれが行われるということが求められている。

[土地区画整理法]
（換地）
第89条　換地計画において換地を定める場合においては、換地及び従前の宅地の位置、地積、土質、水利、利用状況、環境等が照応するように定めなければならない。

2　裁判での議論

　この条項をめぐっては、ながらくいろいろな議論があった。

　土地の提供を無償で求められるのかという議論、つまり減歩は「土地のタダどり」で憲法違反ではないか、などの議論では、数々の裁判も起こされていた。

　これに関しては、地積の減少、減歩は、土地区画整理事業の目的として掲げられた「宅地利用増進と公共施設整備（主に道路の整備）」の目的を果たしていれば、「宅地利用の増進」において、「地積の減少」はやむなしとする議論で裁判上は決着をみている。

　「減歩は、宅地の権利者が当然受忍するべき社会的制約である。また、事業によって宅地の利用価値は増進するのであるから宅地の交換価値に損失を与えることにはならない」（最高裁昭和56年3月19日判決）。

　また地積以外の部分に関しても、それぞれの要素項目はそれぞれに厳密に照応している必要があるのか、なくてもいいのか、という点でも、いろいろな意見が出されていた。裁判上の扱いでは、個々の照応ではなしに、総合的にみてだいたい照応していればよし、とする議論

で、いちおうの決着をみている。

判例は、換地、仮換地ともに同様の基準をあてはめるとして、仮換地についてつぎのように述べている。

「……仮換地指定処分を行うに当たっては、区画整理法第89条1項所定の基準の枠内において、施行者の合目的的見地からする裁量的判断に委ねざるをえない面があることは否定し難いところである。そして仮換地指定処分は、指定された仮換地が、土地区画整理事業開始時における従前の宅地の状況と比較して、土地区画整理法89条1項所定の照応の各要素を総合的に考慮してもなお、社会通念上不照応であるといわざるをえない場合においては、右裁量的判断を誤った違法なものと判断するべきである」(最高裁平成元年10月3日判決)。

3 「資産価値」一辺倒の視点ではない

裁判例は、区画整理の換地の基準を財産価格的な視点、つまり「資産価値」的な視点においてのみ評価していたわけではない。上述した最高裁の判例でも、よく検討すれば、微妙な言い回しの中に慎重な姿勢をみることができる。「仮換地が……従前の宅地の状況と比較して、……所定の照応の各要素を総合的に考慮し」という風に表現して、照応の原則を適用することを求めている。

あるいは明確に土地のもつ「使用価値」、あるいは「利用価値」をしっかり評価する裁判事例もある。

「従前地を農地として使用収益し、かつ、これを継続しようとしている地権者にとって重要なのは、土地の交換価格ではなく、その使用価値であると考えられるところ、土地区画整理事業を施行するに当たり、仮換地が幹線道路に面しているからなどといった理由で、その交換価

5 区画整理と未完の小住宅地対策 119

値のみに目を向ければ、大幅な減歩が必至となり、単なる営農規模の縮小に止まらない営農形態の変更や営農の廃止に至ることが考えられる。しかも……地権者が生産緑地地区の指定（生産緑地法3条）を受けた場合には、農地以外の利用が制限され、従前の土地利用形態を維持することが重大な問題となる……。したがって、このような場合には、地権者が仮換地に同意した場合を除き、宅地の価格のみを仮換地指定の基準とすることはできないというべきであり、従前地と仮換地の地積、形状、利用状況等をも十分に考慮すべきであって、減歩率の割合が高い場合には、区画整理による仮換地に特別の便益が認められることが必要である」（奈良地裁平成7年12月20日判決）。

　この判決は、あまり各方面で紹介されていない。行政事件訴訟実務研究会編『判例概説土地区画整理法』（ぎょうせい、1999、p.249）ではコメントされているが、かつて国土交通省都市局市街地整備課が監修して発行されていた法令マニュアル本『土地区画整理法令要覧』（ぎょうせい刊、それまで毎年発刊されて直近が2013年刊）の「行政実例・判例」欄にも掲載されていない裁判である。

　しかし土地区画整理法第89条照応原則の理解において、きわめて重要な裁判例である。これまで農業を続けてきた農家の農業的な土地利用などの状況をふまえて仮換地指定、換地指定をするべきであるというのである。とくにこの奈良市西大寺駅南の事例に即していえば、奈良市は都市の農地として当該土地を生産緑地の都市計画決定していた。すなわち農業的な土地利用以外の土地利用を認めず農業継続を義務づける都市計画決定である。ところが同じ奈良市が施行者となった区画整理では、その当該農地の仮換地指定において、農業継続が困難となる5割、6割減歩の仮換地指定をした事例である。これが法廷で争われた論点であった。その結果、奈良地裁は、この農業的な土地利用、い

わば直接的な土地利用の維持を前提とした照応原則の理解を示したといえよう。これは、これまで住みつづけてきた住民の住宅地的土地利用についても、その利用継続を前提とした照応原則にもとづく仮換地指定の必要性をも示唆したものともいえる。

4 住民運動においての照応原則の理解＝「自分たちは売るために土地をもっているわけではない」

さきにあげたように「自分たちは住むために土地をもっているんだ。売るために土地をもっているんじゃない」、「近年とくに強調されているいわゆる総合照応論のような議論にみるように、『土地区画整理法第89条の照応原則』は、『価格照応』にほかならない」といった受けとめ方がある。区画整理における仮換地ないし換地の基準は、すべて住民の土地を「価格」に置き換えて評価しそれにみあう仮換地ないし換地を押しつける、というのである。これは不動産業者にしか通用しない議論である、という批判がよくなされた。むろん各地の住民運動はさまざまな色合いであり、受けとめ方もいろいろではあるから、ここで述べている住民運動がすべてではない。住民運動でよく語られていた議論ということだ。

よって区画整理がしかけられたら、即、住み続ける立場からは反対運動を組み立てるというのが、当時、よく行われていた大枠の考え方だったと思う。

なるほど、ミニ開発地とはいえ、4m 道路には接しているし、道路の舗装などがちゃんとなされていれば、このままそっとしておいて欲しいというのは切なる願いでもあった。もともと公道の舗装や生活道路の舗装、下水道整備は、行政の責任なのであって、区画整理固有の仕事ではない。そこをいっしょにからめて区画整理を行おうなんていうのはもってのほか、ということだ。ここには、いまのまちのまま守

りたい、いまの環境を維持し守りたいという「共同性」、すなわち共同の意識、空気が形成され、大きな区画整理反対運動へと発展していった。

5　再考

　このような区画整理理解、照応原則に対する認識は、一般的かつ普遍的にどの場面でも通用するものなのだろうか。

　少なくとも照応原則をよく検討してみれば、そこに上げられている六つの内容は、土地利用にかかわる項目、土地の利用価値にかかわる項目であり、価格など土地の資産価値に直接かかわる項目ではない。

　経済学では、いろいろな財を評価するときに、交換価値と使用価値に区分けして、その分析を進めてきた。すなわち商品社会においては、市場において財を交換するときには、交換の基準があり交換価値として表示する。貨幣が介在するときには、それらは貨幣価値として表示される。他方、同じく財は、人びと自ら消費ないし使用することで、暮らしに役立つ使用価値として、その存在価値を発現し、いろいろな人びとの生活を支える。

　この照応の原則に掲げる要素は、どれ一つとっても市場における貨幣価値を直接表示するものではない。むしろ、そうではなく、この経済学の視点からは、使用価値に属する価値概念にあてはまるものばかりである。

　ここでは、使用価値に属する価値概念を、住民運動で議論してきた語法にしたがい、「利用価値」と表示する。他方、住民運動では、交換に関する貨幣価値概念に属するものを「資産価値」と表現してきた。これらの分類からみれば、この照応原則に掲げられた要素項目は、利用価値概念にほかならない。

　利用価値と資産価値は、以上のようにいちおう区分して議論できる

が、同時に、この社会において、同一施行地区内において「交換分合」を行うのが区画整理である。これまでの物理的な土地についての所有権、利用権が、再配置され組み直されて道路に面するようになり、利用価値が上がったことにして、それに応じ減歩を受ける。

　このときある種の基準、物差しが必要となる。土地評価基準がまさにそれにあたる。

　その基礎に土地区画整理法第89条の照応原則があり、それを用いて再配置し組み直す。もちろん第89条に規定をおいた照応原則以外の換地の原則があってもおかしくはないが、それはその区画整理の施行地区の自治、話し合いに属する話で、その地区住民の合意に委ねられるところだろう。「照応原則は地区によってさまざま、いろいろあってよい」と喝破されていた区画整理の技術者である清水浩氏[13]の言説が思い出される。

　土地区画整理法第89条の規定は、ただ一般的にこの国において行政処分として、つまり地権者の意向にかかわらず地権者に受け入れることを求める基準としてあるに過ぎない。合意の基準というよりも最低限の行政処分を前提とした規定だといってよい。

　じっさいの区画整理実務においては、「宅地利用増進率」という言葉を用いて、いわば「地価上昇率」に似せたような計算式が表わされている[14]。それは「地価上昇率」ではなく、なぜ「宅地利用増進率」なのだろうか。

　この第89条の規定を前提として考え、じっさいの区画整理実務で用いられている路線価方式による換地設計技術でも、地価論としてこれらを語るのではなく、先に述べたように、利用価値に着目した概念が使われている。路線価とはよく言われる言葉ではあるが、区画整理路線価と、似たような言葉を充てている相続税路線価、固定資産税路線価とは自ずと次元の異なる言葉であることも留意が必要である。区画

5　区画整理と未完の小住宅地対策　　123

整理路線価は、あくまでも利用価値を数字で表現し、点数化したものにほかならない。

6　再開発との比較

　これらのことは、同じように一定のエリアで不動産の権利をビル床に移す都市再開発法の市街地再開発事業（以下：再開発）に比べると明確になってくる。

　よく区画整理と再開発は兄弟的な手法として紹介されることが少なくない。土地区画整理法における立体換地規定が発展して再開発の権利変換になったとする議論もある。

　しかしこれらは、利用価値と資産価値という上述の言葉の視点からみると、区画整理と再開発は、まるで次元を異にする手法である。

　再開発は、ひとくちに言うと、再開発前の土地建物を金銭評価して価額を計算し、それに見合う再開発ビルの床とそれに対応する土地の共有持ち分権を渡すものである。そのときの価額原則がわざわざ法令で定められ、評価時点での近傍類似の不動産価格に相当するものでなければならない（都市再開発法80条、81条）。これまでの土地などがビル床に置き換わることを考えれば、それらは市場価格、時価でなければならないのは当然だろう。ビルの建築に要する事業費はいわば時価である。それは市場価格を基準として評価された額である。ビル床に置き換わる再開発前の土地などは時価でなければつりあいがとれない。

　また再開発の場合は、再開発ビルへ権利を移す道以外に、「転出申出」、つまり権利者は地区外に転出することができることから、再開発前の土地建物の評価の仕方は、時価でなければならないだろう。ここにはいわば再開発前の土地建物を「売って出る」「売って再開発ビルに入る」といった発想がある。不動産市場を媒介にして権利を動かして

いるようなものである。考え方において、再開発前の土地建物の利用継続を前提とした権利の移し替えではない。再開発前の土地建物の利用を断絶し、価額に応じた資産を得るか、地区外に転出する。

　他方、区画整理においては、交換の原則には「利用価値」概念からなる照応の原則が掲げられている。再開発の交換の原則であるいわゆる「均衡の原則」（都市再開発法77条2項）とは考え方が異なるのだ。

［都市再開発法］
（施設建築物の一部等）
第七十七条
2　前項前段に規定する者に対して与えられる施設建築物の一部等は、それらの者が権利を有する施行地区内の土地又は建築物の位置、地積又は床面積、環境及び利用状況とそれらの者に与えられる施設建築物の一部の位置、床面積及び環境とを総合的に勘案して、それらの者の相互間に不均衡が生じないように、かつ、その価額と従前の価額との間に著しい差額が生じないように定めなければならない。……

　ただ、区画整理においても、これらの利用価値を価格表現していく作業は行われている。区画整理の価格時点である工事概成年、区画整理の工事が概ね終わった時点に点数を金額換算する場面があるが、これはあくまでも清算金計算のための作業である。

　国土交通省の前身である建設省時代に同省区画整理課が監修した『区画整理土地評価基準（案）』（日本土地区画整理協会、1978、p.105）には、区画整理における土地評価と不動産鑑定評価の土地評価との関係をグラフで示したものが掲載されている。曰くおおむねパラレル、相関がとれていればいいという検証の図である。区画整理の土地評価

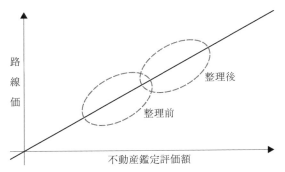

図 5-3 区画整理路線価と不動産鑑定評価額との相関関係
出所：建設省区画整理課監修『区画整理土地評価基準（案）』日本土地区画整理協会、1978 年、p.105。

が厳密に不動産鑑定評価、すなわち不動産市場における時価（「正常価格」）に一致していることを求めているわけではない。「区画整理事業の土地評価の独自性により、……土地評価の正当性の検証は対照できる真の値がないため、厳密には不可能であるが、一般的な理解をうるために、不動産鑑定評価額との相関関係及び比例関係の成立を検証条件とした」と述べている。

これは都市再開発法にもとづく再開発が、同法第 80 条、第 81 条で厳密に不動産価額の基準を定めていることとは異なる議論である（図 5-3）。

ここにおいて、区画整理における土地評価は、たんなる資産価値論にもとづくものではなく、利用価値視点による換地の原則であることを確認しておきたい。

7 何が問題か

これまでさまざまな小住宅地対策が行われていたにもかかわらず、公然と行われていなかったのではないかと思われる。制度が複雑なこともあって、衆目にさらされることもなく、小住宅地対策を行い、大

きな反対運動としての住民運動をなだめながら区画整理を進めてきた
といってよい。

　自治体などがもつ大きな公有地は小住宅地対策をすすめるための物
理的な保障である。小住宅地対策で評価の調整を行うときには、小住
宅地に対してはノー減歩・ノー清算ないし僅かな清算金徴収とし、大
きな公有地にきわめて強い減歩をかける。本来はそれなりの清算金交
付を受けるはずの土地ではあるが、この大きな公有地に強い減歩をか
けわずかな清算金交付を受けることにする。こうすることで小住宅地
のノー減歩・ノー清算ないし僅かな清算金徴収とする。こうしたこと
が隠然と行われていたと思われる。いわば公共負担で小住宅地対策が
すすめられたのであろう。

　なぜ隠然だったのか。なぜ公然と、「公共の福祉」の原則にたって
堂々と行われなかったか。

　筆者は、ここまでのノー減歩・ノー清算などの議論は当然のことで、
住み続ける住民にとっては、区画整理で資産価値が上がったから、小
住宅地にも負担を負わせるということは無理があると考える。当然の
ことである。庭を削って、あるいは住宅まで削って「宅地利用の増進」
は考えられまい。住み続ける、つまり住むという利用価値を発揮して
いる真最中に、区画整理後に広い道路に面するようになったからとい
って、利用価値を損なう強い減歩は無茶であり、理不尽である。

　この住み続ける、土地利用を継続的に行うということは、既成市街
地の区画整理ではどこにでもみられる。こうした土地利用を社会的に
正当なものとして評価し、土地区画整理法第89条の照応原則に則って、
わけても六つの要素項目の中で利用状況の照応をしっかり維持した換
地計画を立てるべきだろうと思う。

　しかし他方、不動産市場では、いまなおミニ開発地の小住宅地と、区
画整理地の小住宅地とでは価格付けのランクが異なるのも現実である。

5　区画整理と未完の小住宅地対策　　127

これは不動産広告をみれば一目瞭然だ。区画整理地の方が2割、3割以上は高く評価される。利用価値が高いから、いざ市場に出し売買となれば資産価値も高く評価されるということだ。古くて新しい問題である。住み続ける立場からは、区画整理による利用価値的な受益は僅かか皆無に等しい。他方、土地を売るためにもっている人たちからは、市場価格基準にもとづく区画整理であっても構わない、という議論だ。郊外の山林原野を切り拓く区画整理などではこうした基準が通用するのかも知れない。他方、すでに住宅が建て込んでいるようなところを含む既成市街地の区画整理では、無理な議論である。

　住み続ける地権者、すなわち住民の立場は明確である。

　しかし他方、住み続ける住民は、いつまでも住み続けるというわけではない。人生、そして人の土地利用にはライフサイクルというものがあり、やがて処分の時代を迎えるときもくる。処分せず相続人が住み続けるのであればいざ知らず、処分するときには、不動産市場で、区画整理で受けたノー減歩・ノー清算の換地、小住宅地は、ミニ開発地の小住宅地よりは、相対的には高く価格評価される。その評価益はいったい誰のものだろうか。

　かつての時代に、公有地放出など社会的に支えた小住宅地対策は、処分の時代にはその上昇益は社会にお返しするべきものではないのか。

8　練馬区土支田中央の清算金貸付条例をどうみるか

　そんなことを考えていたら、たまたま練馬区土支田中央で、区画整理の住民がその地に一定期間住みつづける限りは、ノー減歩・ノー清算と同様の扱いにし、一定期間を待たずに売却処分するときには、清算すべき部分は社会にお返しするという「しくみ」をみつけた。ここでの一定期間は換地処分から20年である。そのしくみを考えた人は、区画整理プロパーの職員ではなく、一般職だった方と聞いた。そのし

くみが検討されている 1994 年頃に一度、当時の乾 嘉行区画整理課長
に電話でヒアリングしたことがある。「区画整理・再開発対策全国連絡
会議の『区画整理対策のすべて』はよく研究した。区画整理後の土地
利用の仕方によっては利益を得られない人びとを救済したいというの
が出発点だ」と述懐されていた。話をお聞きして、まことに「直接的
な土地利用」（利用価値）という視点と「処分」（資産価値）という視
点とをうまく組み合わせたしくみのように思われた[15]。練馬区は 2008
年にじっさいにその制度化、条例化をした。その後任の担当者に聞く
と、「こういう制度化には、住民運動をやっている側は反対で、区画整
理を進める側が賛成していたんだよなー」と言っていた。そして練馬
区としては、この地区だけに適用する条例だと重ねて強調していた。

　この実験的な試みをめぐっては当連絡会議の中でもしっかり議論さ
れていないように思われる[16]。

　同地区は、東京都営地下鉄大江戸線の延伸・新駅設置に伴う区画整
理である。駅前広場、幹線道路などを整備し、都市基盤整備を進める
ものとして、2005 年に練馬区施行区画整理として事業化された。施行
地区面積は 14.6ha で、生産緑地などもある農住混在地域を対象として
いた。ミニ開発の小住宅地も少なくなく、小宅地係数を乗ずるなど一
定の評価の調整も行いノー減歩・清算金徴収緩和の方策も行ったとい
う。それでも地価の高いところゆえ、なお多額の清算金徴収が予測さ
れたと思われる。同地区は、2016 年には換地処分となり、練馬区から
は「東京都市計画事業土支田中央土地区画整理事業のあらまし」とい
うパンフレットが発行されている。しかし特段、この清算金貸付条例
についてはふれられてはいない。

［東京都市計画事業土支田中央土地区画整理事業推進に伴う資金貸付条例］

（抜粋）

平成20年3月17日

（目的）

第1条　この条例は、……土支田中央土地区画整理事業の施行に伴い、土地区画整理法の規定に基づき徴収すべき清算金が生じる者に対し、当該清算金の支払に要する資金の貸付けを行うことにより、事業の施行地区内への定住を促進し、事業の推進を図り、もって良好な市街地の形成に寄与することを目的とする。

（貸付けを受ける資格）

第2条　資金の貸付けを受けることができる者（法第52条第1項の規定により事業の事業計画を定めた日（以下「事業計画の決定日」という。）以後に相続があった場合の相続人を含む。）は、つぎに掲げる要件を備えていなければならない。

(1)　事業計画の決定日（相続人にあっては、相続の日）から……換地処分があった旨の公告をした日の翌日までの間、事業の施行地区内に宅地を引き続き所有し、かつ、当該宅地に存する住宅に居住していること。

(2)　換地処分の公告日の翌日後も換地に引き続き居住の意思を有すること。

(3)　所有する宅地の地積が300平方メートル以下で区長が別に定めたものであること。

(4)　清算金のうち、徴収すべき清算金が生じること。

（貸付限度額）

第3条　資金の貸付額は、徴収すべき清算金の額を限度とする。

（貸付利率）

第4条　資金の貸付利率は、年6パーセント以内で練馬区規則（以下

「規則」という。）で定める率とする。

（償還）

第8条　貸付金の償還期間は、20年以内とし、規則で定める。

（償還猶予）

第9条　区長は、借受者が換地処分の公告日の翌日後において換地に
　　存する住宅に引き続き居住していると認められる場合は、貸付金お
　　よび利子（以下「元利金」という。）の償還を猶予することができる。

（償還免除）

第11条　区長は、第9条第1項の規定により元利金の償還を猶予して
　　いる場合において、貸付けを行った日から20年を経過したときは、
　　当該元利金の償還を免除することができる。

（地位の承継）

第13条　借受者に相続があった場合において、相続人が換地および換
　　地に存する住宅の所有者となったときは、当該相続人は、借受者の
　　地位を承継する。

4　共同性のライフサイクルとまちづくり

　この論集では、それぞれの筆者がまちづくりにおけるさまざまな
「共同性」を論じている。

　土地利用のライフサイクルという点からみれば、筆者は、共同性を
つぎのように定義している。都市において住民、権利者が共同でその
不動産なり都市に働きかけをしようという意識を「共同性」という言
葉で表す。ここではあくまでもその成員の意識の問題である。この主
体に対し、対象である都市とは、道路などの公共施設のみならず、い
ろいろな制度、土地の所有、街区のあり方、ビルにおける不動産の権
利のあり方などの集合でもある。住民の共同性をもって、都市の要素

に働きかけるものが住民運動である。共同性は、制度や街区などの所有や物理的な連たん性など、客観的な条件とは区別されるもので、多数の意識のもとに成立する「空気」ともいえよう。

　ある時期にはそのまちに共同で住み続けようという意識、共同の意識こそ共同性である。自治会なりまちづくり組織などがその意識をつなぎ共同性を自ら体現する。そこへ土足で踏み込む区画整理、再開発は、まちを壊してしまう。それに反対してたたかう共同性こそ、反対運動そのものである。

　別の場面では、地盤が悪い、軟弱地盤に広がる農住混在、ミニ開発地、敷地規模も20坪そこそこという狭小住宅の建ち並ぶ地区などでは、区画整理の「健全な市街地」をめざし「宅地利用の増進」「公共施設整備」という目的条項に依拠した住民運動の展開もあった。住宅改善、住環境整備実現の願いの共同性で住民運動が展開された三郷市三郷中央区画整理などの事例である[17]。

　こうして、住民が、場面に応じて、あるいは変化に応じて共同の土地利用観にもとづく共同性を柔軟かつしっかりと掲げることができれば、あらたな道を共同で切り拓くことができるのではないだろうか。これは、再開発にむきあうときにも共通していえる議論のように思われる。

　世間には、もう区画整理の時代は終わったというような議論もある。またいま区画整理が行われているところでも、たんに換地操作による局部的な土地の入れ替えに過ぎない事例も少なくない。高速道路インター周辺などで営農希望の農地を区画整理の換地で退かし倉庫等を進出させる事例、都心部での高度利用意向の土地とそうではない土地との仕分けの事例などである。

　しかし区画整理の役割はそれらばかりだとは思えない。いまなお、その市街地全体として都市基盤整備のできていない地域で、区画整理

も住民参加でしっかり住民本位に組み立てることができるのであれば、有効な手法としてなお役割があるのだろうなと考えている。住宅が建て込み密集し、防災上も心配な市街地は多い。いっせいに住宅の建て替え期にきて生活道路を確保しながら市街地のつくり直しの必要なところもある。大火災、大震災もありうる。もう一度、この半世紀の区画整理、とくに住民運動の経過をふまえた総括的な議論が必要な時期にきているのではなかろうか。土地利用・共同性のライフサイクルもふまえたまちづくり運動の構想、まちづくり提案が問われているように思う。

注

1　NPO法人区画整理・再開発対策全国連絡会議発行月刊『区画・再開発通信』（以下：「通信」）2007年8月号第452号、拙稿「印象記・東京多摩田園都市を歩く——『購入から利用へ』『利用から処分へ』のサイクルを考える」。

2　「通信」1995年1月号第301号「常磐新線区画整理に抗して」の中で、栗木優氏は小学校体育館に900人が押しかけた集会模様を報告している。

3　区画整理当局は小宅地という言い方で、小住宅地という言い方はあまりしなかった。本稿では、じっさいの住宅地的な土地利用をしている小宅地として、小宅地を、小住宅地という。あくまでも更地ではなく直接に土地利用をしている小宅地をさす。

4　区画整理対策全国連絡会議編集『区画整理対策のじっさい』（自治体研究社、1983年、p.222）、「通信」1975年9月号第69号、78年4月号第100号に郡山市西部第一地区での5年にわたる運動成果として「100坪ノー減歩」の事例が紹介されている。

5　同『区画整理対策のじっさい』p.215以下「『ノー』減歩・『ノー』清算を要求して」（4節）参照。

6　同上、p.226。

7　「通信」1989年10月号各地欄。

8　清算金のレート：換地計画決定までは通常、清算金徴収・交付は点数で計算をするが、区画整理工事のだいたい終了する時点、工事概成年にこの点数

をその時点での地価情勢に合わせ金額換算する。そのときの換算の水準は施行者により異なっていた。自治体施行の多くは固定資産税評価額程度、当時の日本住宅公団施行などでは相続税評価程度であり、いずれも時価の1、2割から6割程度だった。

9 「通信」1992年1月号解説、2013年1月号解説、裁判例紹介に草加市稲荷町、新田西部の事例、99年10月号各地欄、2003年3月号解説に広島市段原西部、99年3月号各地欄に盛岡市仙北西の事例を紹介した。ほか2013年1月号に「東京高裁・草加市氷川町清算金裁判」を紹介している。

10 かつて岩見良太郎氏が「効用価値（この場合、利用価値—引用者）なるものは序数的には比較できるが、基数的には比較できない」（岩見良太郎著『土地区画整理の研究』（自治体研究社、1978年、p.386注釈）と批判していた。区画整理は、土地を換地で交換せざるを得ないから、基準は、いわば「説得技術」（同書p.379）に過ぎないとしていた。

11 「通信」1987年6月号解説「各筆評価のはなし——江戸川区西瑞江の『ノー減歩・ノー清算』のしくみ・その2」、2000年7月号、8月号解説「小住宅地の負担緩和となる『宅地加算係数』『修正増進率——東京都日野市西平山の事例」。

12 日本土地区画整理協会（当時）刊月刊『区画整理』1987年3月号、丸谷活明氏論文、「通信」1987年7月号解説「国が各地の小規模宅地対策を調査」、区画整理・再開発対策全国連絡会議編著『新・区画整理対策のすべて』（自治体研究社、1998年、p.175）。

13 清水浩氏。日本住宅公団施行の横浜市港北ニュータウン区画整理など、各方面で活躍された区画整理技術者。『土地区画整理のための換地設計の進め方』（東京法経学院出版、1981年）、『マンガ・イラスト版 都市計画・区画整理・換地の中身が面白くわかる本』（ぎょうせい、2005年、共編著）ほか多数の著作があり、住民とも率直な意見交換をされた方。

14 宅地利用増進率 換地設計などで減歩率計算のときに使われる率。一般に区画整理のテキストでは従前宅地価格に対する従後宅地価格に対する割合と説明される。しかしこれを「地価上昇率」とは呼んでいない。区画整理で言う地価とは、じつは「利用価値」を表しているものであり「市場価格」ではない。区画整理の地価のもとになる「区画整理路線価」の定義は、「標準画地の宅地としての利用価値」（国土交通省市街地整備課監修『区画整理土地評価

基準（案）（改訂版）』（街づくり区画整理協会、2012 年、p.13）だとしている。

15　乾氏によれば、当時の建設省サイドは冷ややかだったと聞く（1997 年）。

16　練馬区土支田の事例について、区画整理関係者では「冷ややか」な中、注目されている方もおられた。街づくり区画整理協会（前身は日本土地区画整理協会。国土交通省の外郭団体）の「相談室」におられた元・東京都職員の栗阪伸生氏にこの事例についてお尋ねしたことがある。「いいところに目をつけていますね」とおっしゃっていた。もう少し評価についてもお聞きしたかったが、2019 年 7 月にお亡くなりになったとうかがった。施行者団体におられながら住民の質問にもていねいに答えてくださった開明的で理論的な区画整理技術者であった。ご冥福をお祈りしたい。

17　「通信」2015 年 9 月号ルポ区画「自分たちで考え抜き、切り拓いた『まちづくり』——埼玉県三郷市三郷中央」、同 2018 年 6 月号私の発言「反対ではなく住環境改善の闘い」市橋敬造氏論考。

あとがき

　区画整理・再開発対策全国連絡会議は土地区画整理事業・市街地再開発事業を中心とする都市計画、「まちづくり」に向き合う住民運動の情報連絡センターである。その基本的な役割は各地の団体・個人による住民運動が目的を達するための学習、経験交流、そのための情報収集と発信を行うことにある。具体的には月刊のニュースレター『区画・再開発通信』の編集・発行、年1回の全国研究集会の開催、日々の学習・相談活動などである。つまり、連絡会議には各地の住民運動の「成功」も「失敗」も含めた、豊富な経験が集積されている。

　その経験はつい、その場で消費しがちである。個々の住民運動としても連絡会議としても、目先の問題の解決が優先だからである。しかし、その一つずつの経験には、都市計画や「まちづくり」のより根本的な問題を考える示唆が詰まっているように思われる。区画整理や再開発の住民運動というと、いかにも「換地」や「権利変換」といった権利保全の問題に目が向きがちである。しかし、個々の権利保全のためには、個自身、個と個、個と共といった社会的関係性に目を向けざるを得ない。そこには本来、都市計画や「まちづくり」が立脚すべき公共性や共同性の萌芽がある。昨今、言葉ばかりの「協働」といった甘美な関係性が先行しているように感じる。上辺だけではなく、生活を守るべく一筋縄ではいかない関係性のなかで苦闘する住民運動の経験にこそ、住民個々の人生に関わる都市計画や「まちづくり」をめぐる公共性や共同性を問う契機があると執筆者一同は考えている。

　本書は、こうした住民運動の経験の理論化を目的に編んだものである。この機会を得たきっかけは、2018年の連絡会議設立50周年にある。住民運動によって1968年に設立された情報連絡センターが50年

も存続していること自体、希有なことである。そこで、2018年の全国研究集会ではまず『記念誌』を発行し、その間の記録を留めた。なかでも『通信』の創刊号（1970年1月号）以降を読み直し、A4判30頁以上の年表をまとめた。これを眺めていると、時間と空間（地域）を越えて、住民運動の経験が連絡会議に集積されていることを実感できる。

　そして、その年表も含めた50年の記録を手がかりとして、住民運動の経験の理論化を図る「研究書」の位置づけをもって本書の執筆に臨んだ。執筆にあたり、50年の経験に寄って立つことは前提であったが、決して、最初から主題の統一がなされていたとは言い難い。執筆者一同は『通信』編集部のメンバーであるが、概ね隔月のペースで行われる編集会議の度に研究会を行い、その際に各自の問題意識を持ち寄り、意見交換というか試行錯誤を重ねてきた。その過程で、むしろ期せずして都市計画や「まちづくり」をめぐる公共性や共同性という共通の主題に合流した感がある。本書の各章を読み返してみて、住民運動の50年の経験から発する公共性や共同性を問う論説がそろったことに、執筆者の一人としていささか喜びを感じているところである。

　そしてもちろん、本書にまとめた住民運動の経験の理論は、都市計画や「まちづくり」の現場、特に各地の住民運動に還元されなければならない。それが住民運動の経験者たちへの最大の感謝になるだろう。すなわち、研究書の体裁を採ったが、研究者や実務者だけではなく、多くの住民としての立場の方に本書が届くことを願う。連絡会議という組織の維持自体が目的となってはならないが、こうした経験の継承が、次の50年、ひいては「住民主権の」都市計画や「まちづくり」の視界を切り拓いていくことにつながると、心から信じている。

2019年9月

執筆者を代表して
今西一男

付　録

区画整理・再開発対策全国連絡会議 50 年史概要版

注１：**ゴシック体＝連絡会議関連事項**／明朝体＝都市計画関連事項
注２：概要は連絡会議編集・発行『区画・再開発通信』に基づく。
注３：市町村名は当時。文献は〈注記〉がなければ連絡会議編。

1968 （昭和43）	・都市計画法公布（6月） ・第1回全国研究集会（11月・愛知県美浜町・167名／第1回目は自治体問題研究所主催）＝区画整理対策全国連絡会議設立 第1回全国研究集会で連絡会議の設立が提案、了承された。
1969 （昭和44）	・『区画整理対策の実際』発刊 ・都市再開発法公布（6月） ・第2回全国研究集会（10月・東京都稲城町・約200名）
1970 （昭和45）	・『区画・再開発通信』創刊（1月） ・第3回全国研究集会（11月・神戸市・約200名） 『区画・再開発通信』創刊。以降、月刊として発行が続く。その第1号の巻頭論文は宮本憲一「都市づくりと住民運動」であった。年間を通じて名古屋市・伊丹市・安芸市・広島市などでの法廷闘争の状況など、運動の熱気を伝えた。
1971 （昭和46）	・第4回全国研究集会（11月・神戸市・249名） 立川市立川駅南口区画整理の住民総意のまちづくり運動、藤沢市辻堂南部の市政を明るくする会の運動、足立区舎人の中小企業団地換地の実現があった。吹田市吹田駅前などで再開発住民運動も始まり、全国研究集会で再開発分科会設置。
1972 （昭和47）	・第5回全国研究集会（11月・神戸市・約200名） 東京区画整理対策交流集会、世田谷都市問題連絡会議など、地域における運動の結集・連携が進む。区画整理の清算金問題への関心が高まり、全国研究集会で清算金問題分科会設置。墨田区白鬚東再開発では「等面積交換」を要求。
1973 （昭和48）	・『区画整理対策のすべて』（安藤元雄＋松井和彦編）発刊 ・第6回全国研究集会（11月・蒲郡市・220名） 横浜市港北ニュータウンの小規模宅地を守る運動、足立区舎人の30坪以下ノー減歩を求める運動。バスを仕立てて市役所に乗り込むなど、各地でエネルギッシュな運動を展開。
1974 （昭和49）	・都市計画法・建築基準法改正（6月・開発行為の定義等） ・第7回全国研究集会（11月・蒲郡市・200名） 区画整理では市議会の意向を無視した都市計画決定（加古川市）など理不尽な事業。一方、鳩ヶ谷市辻・里などで白紙撤回。盛岡市仙北西区画整理で「生活環境を守る対策協議会」のまちづくり。新宿区西新宿では再開発の白紙撤回を求める。
1975	・都市再開発法改正（7月・第二種市街地再開発事業等）

（昭和50）	・第8回全国研究集会（10月・伊東市・人数不明） 　区画整理では八王子市上野第一で20坪以下ノー減歩・ノー清算を実現。横浜市港北ニュータウンで減歩・清算金をめぐって施行者（公団）に対して強く要求。「区画整理は違憲」を唱える「全国土地区画整理事業をただす会」が結成される。
1976 （昭和51）	・『〈改訂新版〉区画整理対策のすべて』発刊 ・酒田大火（10月・復興区画整理） ・第9回全国研究集会（11月・兵庫県新宮町・人数不明） 　区画整理の白紙撤回（伊勢崎市中央等）や改善（青梅市新町など）を求める運動の広がり。大牟田市では改良住宅建設要求、藤沢市辻堂南部では幅員4mの道路について討議など。
1977 （昭和52）	・第10回全国研究集会（11月・熱海市・178名） 　再開発では保留床処分問題が激化。キーテナントの出店辞退に対して第3セクターによる保留床買い取りの動き。区画整理では豊島区北池袋で事業計画の無効確認訴訟。区画整理を白紙撤回した藤沢市辻堂南部では幹線道路廃止を公式確約。「区画整理・都市再開発対策九州ブロック連絡会議」設立。
1978 （昭和53）	・『〈合本〉区画通信　第1号〜第100号』発刊 ・『居住点の思想　住民・運動・自治』（安藤元雄著）発刊 ・『土地区画整理の研究』（岩見良太郎）発行 ・第1回まちづくりシンポジウム開催（7月） ・第11回全国研究集会（10月・静岡県伊豆長岡町・177名） 　郊外地区画整理での小規模宅地対策進む（横浜市港北ニュータウン）。
1979 （昭和54）	・建設省「過小宅地対策制度」創設の意向（予算要求） ・第12回全国研究集会（11月・大津市・人数不明） 　広島市段原の区画整理では過小宅地の救済を区画整理審議会で協議。地元商業者の協同組合による駅前再開発「スワプラザ」オープン（諏訪市上諏訪駅前）。『通信』では港区赤坂・六本木や横浜市戸塚駅東口の再開発なども取り上げた。
1980 （昭和55）	・『まちづくり運動の針路』発刊 ・都市計画法・建築基準法改正（5月・地区計画） ・第13回全国研究集会（11月・神奈川県箱根町・人数不明） 　地区計画を『通信』でも特集（7月）。区画整理では江戸川区西瑞江の緒戦の様子、酒田大火復興区画整理の状況、再開発では協同組合方式による桑名市桑名駅前などを報告。
1981	・住宅・都市整備公団法公布（5月）

（昭和 56）	・第 14 回全国研究集会（11 月・奈良県吉野町・人数不明） 『通信』5・6 月号で「再開発制度はどのように住民を無視するか」特集。 横浜市港北ニュータウン「小規模宅地所有者の会」発足 10 年（5 月）、藤 沢市辻堂南部「辻堂南部の環境を守る会」発足 15 年（7 月）のそれぞれに ついての報告。
1982 （昭和 57）	・第 15 回全国研究集会（11 月・神奈川県箱根町・174 名） 『通信』にて「住民運動と裁判」を 3 回に渡って特集（6～8 月）。守口市 橋波駅前での「再開発対策委員会の報告「駅前再開発で泣かされてたまる か」特集（4・5 月）。区画整理では 1971 年に事業計画決定された足立区舎 人の「入谷区画整理対策小宅地会」による借家営業者の権利保全を報告（3 月）。
1983 （昭和 58）	・中曽根首相、建蔽率・容積率等の緩和を指示（3 月） ・『区画整理対策のじっさい』発刊 ・第 16 回全国研究集会（11 月・兵庫県新宮町・人数不明） 区画整理では前橋市二子山区画整理で仮換地指定公開を実現、鎌ヶ谷市 鎌ヶ谷駅周辺で施行区域決定以前の再検討。再開発では大宮市大宮駅東口 での施行区域決定反対の動き。
1984 （昭和 59）	・『都市再開発はこれでよいか―商業再開発の事例に学ぶ―』発刊 ・第 17 回全国研究集会（10 月・神奈川県箱根町・165 名） 区画整理のずさんな換地・減歩・清算の事例が目立つ（東京都内、上尾 市、三木市等）。豊島区北池袋で区画整理後の共同ビルづくりの模索。金沢 市金沢駅前でのまち壊し再開発。
1985 （昭和 60）	・第 18 回全国研究集会（10 月・熱海市・125 名） ・建設省、規制緩和、事業推進などを通達（12 月） 平塚市富士見町での区画整理凍結まで 90 日の動きを報告（6 月）。区画整 理が行われた立川市立川駅南口、八王子市上野第一の現状報告（3 月）。駅 前再開発にかけるそごうの多店舗拡大戦略に関する問題点を特集（5・7 月）。
1986 （昭和 61）	・『区画整理・都市再開発対策総覧―「区画・再開発通信」No.101～200 合 本―』発刊 ・第 19 回全国研究集会（10 月・京都市・214 名） 中曽根民活、規制緩和の方向強まる。『通信』ではその後の諏訪市上諏訪 駅前（1 月）、横浜市戸塚駅東口（7 月）など再開発特集。「土地区画整理審 議会研究シンポジュウム」開催。
1987 （昭和 62）	・第 20 回全国研究集会（11 月・港区・185 名） 業務代行方式など区画整理法改正の動き。江戸川区西瑞江でのノー減歩・ ノー清算のしくみについて解説（2・6 月）。大阪市三国駅周辺で全国初の

	立体換地事業始まる。第二種再開発における権利を守るたたかいの激化（大阪市阿倍野、江戸川区・江東区亀戸・大島・小松川）。
1988 （昭和63）	・『〈三訂版〉区画整理対策のすべて』発刊 ・都市再開発法・建築基準法改正（5月・再開発地区計画） ・土地区画整理法改正（5月・第三者施行制度等）。 ・第21回全国研究集会（10月・石川県山中町・135名） 　江戸川区西瑞江で納得のいく移転・補償をめざして移転通知照会を撤回させる。京都市二条駅周辺での住民運動。
1989 （昭和64 ・平成元）	・『改訂　都市再開発はこれでよいか―商業再開発の事例に学ぶ―』発刊 ・『土地資本論―地価と都市開発の理論―』（岩見良太郎）発刊 ・第22回全国研究集会（11月・神奈川県箱根町・199名） 　区画整理阻止の運動（埼玉県白岡町白岡駅東側）。施行者に標準借地権割合を示させる（江戸川区・江東区亀戸・大島・小松川）。
1990 （平成2）	・『改訂・区画整理対策のじっさい』発刊 ・第23回全国研究集会（11月・守山市・139名） 　『通信』では加古川市加古川駅前区画整理の経験を特集（5～7月）。区画整理と工場移転問題（江戸川区西瑞江）。住宅地内への工場原位置換地について高松地裁が仮換地指定は違法との判決（坂出市西大浜）。
1991 （平成3）	・『区画整理のはなし―体験的区画整理論とその是正―』発刊 ・生産緑地法改正（4月・保全農地と宅地化農地の峻別） ・借地借家法公布（9月・定期借地権制度創設等） ・第24回全国研究集会（10月・山梨県山中湖村・157名） 　常磐新線（つくばエクスプレス）開発の動き。荒川区白鬚西再開発で低廉な賃貸工場整備実現。
1992 （平成4）	・『再開発を考える―市街地再開発事業で生き残る法―』発刊 ・都市計画法改正（6月・市町村都市計画マスタープラン等） ・第25回全国研究集会（10月・神奈川県箱根町・119名） 　バブル経済崩壊の影響が見え始める。再開発も漂流（伊勢原市伊勢原駅北口等）。区画整理に対して反対連絡会を結成（長野市長野駅東口）。平塚市富士見町「まちづくり提案」。
1993 （平成5）	・土地区画整理法改正（4月・住宅先行建設区） ・第26回全国研究集会（10月・新宿区・174名） 　常磐新線（つくばエクスプレス）開発に800人規模の集会開催。バブル崩壊、権利床価格見直し要求（江戸川区・江東区亀戸・大島・小松川）。地元テナントの半数が共益費未払い（草加市草加駅東口）。藤沢市辻堂南部の環境を守る会解散。

1994 (平成6)	・『二段階区画整理の提案』（波多野憲男）発刊 ・建設省、緑住ミニ区画整理（4月） ・第27回全国研究集会（10月・神奈川県湯河原町・127名） 　常磐新線開発で一都三県の住民集会に900人、同じく足立区六町区画整理で反対運動、962人が体育館を埋める。清算金無利子貸付（練馬区土支田）。キーテナント撤退で再開発が振り出しに（青森市青森駅東口）。
1995 (平成7)	・『新・区画整理・都市再開発対策総覧―「区画・再開発通信」No.201〜300合本―』発刊 ・阪神・淡路大震災（1月・復興区画整理・再開発） ・第28回全国研究集会（9-10月・神戸市・150名） 　阪神・淡路大震災復興区画整理・開発の動き。神戸市で集会開催。バブル崩壊、区画整理の保留地処分困難顕在化。
1996 (平成8)	・『なるほどザ区画整理―住民のまちづくりと区画整理―』（連絡会議＋安藤元雄編）発刊 ・第29回全国研究集会（11月・神奈川県箱根町・145名）＝区画整理・再開発対策全国連絡会議に名称変更 　阪神・淡路大震災復興区画整理・再開発特集（2・3・9月）。区画整理の保留地処分困難特集（千葉県栄町前新田等）。
1997 (平成9)	・『熊さん＆八ッつぁんが読む！土地区画整理法』（岩見良太郎＋遠藤哲人著・土生照子監修）発刊 ・密集市街地法公布（5月） ・第30回全国研究集会（11月・神奈川県箱根町・133名） 　問われる無駄な公共事業（津山市中央街区再開発等）。つくばエクスプレス沿線区画整理が具体化（足立区六町等）
1998 (平成10)	・『新・区画整理対策のすべて』発刊 ・いわゆるまちづくり三法（5・6月・中心市街地活性化） ・第31回全国研究集会（10月・新宿区・97名） 　阪神・淡路大震災復興区画整理・再開発、住民要求の実現へ向けて（西宮市西宮北口駅北東、神戸市湊川等）。区画整理（熊本市熊本駅西等）、再開発（練馬区大泉学園駅前等）立ち上げ。
1999 (平成11)	・都市基盤整備公団法公布（6月） ・第32回全国研究集会（11月・神奈川県箱根町・125名） 　地方分権一括法に対応した都市計画の変化の動き。区画整理と再開発の合併施行、再開発組合認可要件の変更など法改正の問題検討。事業化した再開発ビルの経営破綻の問題相次ぐ（津山市中央街区等）。中心市街地活性化と事業の動き。

2000 （平成12）	・連絡会議 NPO 法人化（4月） ・都市計画法・建築基準法改正（5月・都市計画区域マスタープラン等） ・第33回全国研究集会（11月・埼玉県伊奈町・163名） 　区画整理の保留地処分困難（松戸市紙敷等）、再開発の保留床処分困難 （広島市緑井駅前等）、破綻問題相次ぐ。
2001 （平成13）	・『区画整理・再開発の破綻　底なしの実態を検証する』発刊 ・小泉内閣、都市再生本部設置（5月・小泉都市再生始まる） ・第34回全国研究集会（10月・栃木県藤原町・151名） 　各地で区画整理・再開発の破綻処理の問題。連絡会議『区画整理・再開 発の破綻』発刊し問題を世に問う。小泉都市再生始まり、バブル経済で生 じた不良資産処理へ。
2002 （平成14）	・都市再生特別措置法・都市再開発法改正公布（3月・再開発会社制度創 　設） ・第35回全国研究集会（10月・栃木県藤原町・108名） 　都市再生基本方針決定（7月）など、小泉都市再生加速。会社施行によ る第二種再開発など民間活力活用の動き。つくばエクスプレス・三郷中央 区画整理での事業改善進む。
2003 （平成15）	・都市再生機構法公布（6月） ・第36回全国研究集会（10月・伊東市・121名） 　地権者、金融機関・ゼネコン、自治体「三方一両損」での区画整理破綻 処理の動き。8月にはシンポジウムを開催して協議。中心市街地活性化目的 の再開発でも事業経営破綻の事例が見られる（佐賀市「まちづくり佐賀」 等）。
2004 （平成16）	・『これならわかる再開発—そのしくみと問題点、低層・低容積再開発を考 　える—』（遠藤哲人著・連絡会議監修）発刊 ・第37回全国研究集会（10月・伊東市・123名） 　全国に広がる区画整理の破綻（二戸市二戸駅周辺等）。東京都心では都 市再生に勢いづく再開発の強引な立ち上げが目立つ（世田谷区二子玉川東 等）。都市再生機構発足（7月）。
2005 （平成17）	・『区画整理・再開発　この10年—区画・再開発通信 No.301〜420　1600 　頁分合本—』発刊 ・土地区画整理法・都市再開発法改正（4月・区画整理会社、等） ・第38回全国研究集会（11月・伊東市・110名） 　東京の再開発の急ピッチな立ち上げ（千代田区富士見北等）
2006 （平成18）	・まちづくり三法改正（5月） ・第39回全国研究集会（10月・つくば市・106名）

区画整理・再開発の破綻状況の一方、イオンによる郊外区画整理立ち上げ（東京都日の出町三吉野桜木等）、東京都心での再開発の動き。スーパー堤防区画整理問題（江戸川区北小岩）。住民投票による再開発阻止の動き。

2007 （平成 19）	・国土交通省、新市街地区画整理を認めない方針（8 月） ・**第 40 回全国研究集会（10 月・伊東市・116 名）** 　区画整理の破綻処理にも行き詰まり。市財政の悪化から 100 年以上かかる事業も（飯能市岩沢南部）。賦課金徴収提案を大差で否決（千葉市南部蘇我）。東京都心では手続きを疎かにした再開発の立ち上げが進む（板橋区上板橋駅南口等）。
2008 （平成 20）	・**『都市再生―熱狂から暗転へ―』発刊** ・**『住民による「まちづくり」の作法』（今西一男）発刊** ・最高裁、区画整理事業計画「青写真判決」廃棄（9 月） ・リーマンショック（9 月） ・**第 41 回全国研究集会（10 月・神奈川県箱根町・88 名）** 　保留地先行処分の区画整理（習志野市 JR 津田沼駅南口）。
2009 （平成 21）	・**第 42 回全国研究集会（11 月・神奈川県箱根町・90 名）** 　連絡会議、「2008 年 9 月青写真判決廃棄」のシンポジウム開催（7 月）。つくばエクスプレス開発、千葉県や茨城県で完了見通し立たず。『通信』、「土地区画整理事業に関する情報の閲示検討会報告書」紹介（情報公開の議論として画期的）。再開発ビル竣工時点で空きフロアだらけ（葛飾区金町六丁目）。
2010 （平成 22）	・**第 43 回全国研究集会（10 月・神奈川県箱根町・72 名）** 　各地で事業の改善を求める運動の動きが見られる。改正区画整理法第 27 条を駆使して組合帳簿要求、破綻問題の追及（桶川市上日出谷南）。スーパー堤防区画整理で住民が国会内集会（江戸川区北小岩・同篠崎公園）。再開発の事業計画に 199 人が口頭意見陳述（世田谷区二子玉川東）。
2011 （平成 23）	・**『改訂版・これならわかる再開発―そのしくみと問題点、低層・低容積再開発を考える―』（遠藤哲人著・連絡会議監修）発刊** ・東日本大震災・東京電力福島第一原子力発電所事故（3 月） ・**第 44 回全国研究集会（10 月・江東区・76 名）** 　東日本大震災発生。『通信』でも関連記事を掲載。
2012 （平成 24）	・**第 45 回全国研究集会（10 月・江東区・70 名）** 　東日本大震災その後について『通信』関連記事掲載（1～4 月）。企業主体の区画整理、個人施行の増加。清算金問題（足立区花畑東部等）。なお続く区画整理破綻問題（郡山市日和田等）。都市再生強化で進む一極集中再開発、目玉は「特定都市再生緊急整備地域」。「地域主権改革」より「企業主

権改革」。

2013 （平成 25）	・第 46 回全国研究集会（11 月・足立区・70 名） 　スーパー堤防区画整理訴訟で 88 名が東京地裁の法廷を埋め尽くす。津田沼強制執行区画整理を提訴（習志野市 JR 津田沼駅南口）。法律をねじ曲げ借家権者を追い出す再開発（広島市広島駅南口）。再開発の都市計画決定手続きで 4,597 通の意見書提出、併せて市議会陳情（川崎市武蔵小杉駅小杉三丁目）。
2014 （平成 26）	・都市再生特別措置法等の一部を改正する法律公布（5 月・立地適正化計画） ・第 47 回全国研究集会（10 月・足立区・58 名） 　スーパー堤防区画整理、強制執行。住民を放り出す再開発に反対運動（徳島市新町西）。企業主体の再開発が続く（港区「虎ノ門ヒルズ」の第二種再開発、熊本市桜町の会社施行等）。
2015 （平成 27）	・第 48 回全国研究集会（10-11 月・足立区・62 名） 　区画整理での訴訟の動き（東広島市西条駅前、鹿角市花輪駅前等）。圏央道貫通で一斉に区画整理の動き。一人地主に巨額補助金を与える熊本市桜町。地元主導の再開発ビル・スワプラザの建物解体（諏訪市上諏訪駅前）。これら問題のある事業の一方で住民要求に沿ったまちづくりの動き。
2016 （平成 28）	・第 49 回全国研究集会（11 月・足立区・65 名） 　鉄道高架化、インターチェンジ整備など区画整理の「狂暴化」。一方で亀岡市、名古屋市での区画整理の計画変更の事例も。徳島市新町西再開発、市長選挙で反対派候補が当選。市の保留床の新ホール買い取り白紙表明。優先道路から除外、まもれシモキタ！行政訴訟が住民の勝利的和解で終結。
2017 （平成 29）	・『豊洲市場・オリンピック村開発の「不都合な真実」―東京都政が見えなくしているもの―』（岩見良太郎＋遠藤哲人著）発刊 ・第 50 回全国研究集会（10 月・江東区・49 名） 　東京都心での企業主権再開発（中央区等）。区画整理「民間包括委託方式」（あきる野市等）。幹線道路優先の都市計画。
2018 （平成 30）	・第 51 回全国研究集会（10 月・足立区・61 名）＝連絡会議設立 50 周年 　連絡会議設立 50 周年。都内再開発交流会に参加者約 50 名。
2019 （平成 31 ・令和元）	・『住民主権の都市計画―逆流に抗して―』発刊 ・第 52 回全国研究集会（10 月・足立区） 　設立 50 周年から次の時代の運動へ。

［著者紹介］

岩見良太郎　いわみ・りょうたろう
・埼玉大学名誉教授。専門：都市工学。工学博士。
・著書：『土地区画整理の研究』自治体研究社、1978 年、『土地資本論』同、1989 年、『「場所」と「場」のまちづくりを歩く　イギリス篇・日本篇』麗澤大学出版会、2004 年、『場のまちづくりの理論』日本経済評論社、2012 年、『再開発は誰のためか——住民不在の都市再生』同、2016 年、など。

波多野憲男　はたの・のりお
・四日市大学環境情報学部元教授。専門：都市計画論・環境計画論。工学博士。
・著書・論文：『二段階区画整理の提案——都市農地と計画的市街化との調整』自治体研究社、1994 年、「どのように石油コンビナート工業都市四日市が形成されたか」四日市学講座『なぜ都市計画は四日市公害に無力だったか』四日市大学・四日市学研究会、2011 年、など。

島田昭仁　しまだ・あきひと
・法政大学気候変動・エネルギー政策研究所研究員、法政大学社会学部・専修大学人間科学部兼任講師。専門：都市計画、コミュニティプランニング。工学博士。
・著書・論文：『知の史的探究——社会思想史の世界』（共編著）、八千代出版、2017 年、「まちづくり運動における共同態の発見とその応用可能性について」日本都市計画学会編集・発行『都市計画論文集』Vol.42、No.3、pp.319-324、2007 年、など。

今西一男　いまにし・かずお
・福島大学人文社会学群行政政策学類教授。専門：都市計画論・都市社会学・社会調査論。博士（学術）。
・著書・論文：『住民による「まちづくり」の作法』公人の友社、2008 年、「『埼玉方式』における暫定逆線引きのフォローアップと今後の適用に関する研究——暫定状況が継続した所沢市を中心事例として」日本都市計画学会編集・発行『都市計画論文集』Vol.54、No.3、2019 年、など。

遠藤哲人　えんどう・てつと
・NPO 法人区画整理・再開発対策全国連絡会議事務局長、國學院大學経済学部兼任講師。「まちづくりと市民」について講義。地方自治の研究組織である自治体問題研究所事務局在任中の 1981 年から 38 年間、連絡会議の事務局を担当。
・著書：『熊さん、八ッつぁんが読む！　土地区画整理法』（共著）、自治体研究社、1997 年、『新・区整理対策のすべて』（共著）、同、1998 年、『改訂・これならわかる再開発』本の泉社、2011 年、など。

[編者紹介]

NPO法人区画整理・再開発対策全国連絡会議（代表・岩見良太郎）
各地の住民運動の連絡組織として1968年に設立。市民、住民・権利者、自治体議員・職員、法律家、都市計画家、研究者などで構成。住民の立場から今日の都市計画、区画整理、再開発の理論と現実について学び、研究し、交流している。本書発行時点で会員向けニュースレター月刊『区画・再開発通信』も598号を数え、年1回の全国研究集会も52回目となった。

〒162-8512 東京都新宿区矢来町123 矢来ビル4F
TEL：03-5261-4031　FAX：03-5261-4032
ホームページ：http://kukaku.org/
メールアドレス：info@kukaku.org

住民主権の都市計画
──逆流に抗して

2019年10月25日　初版第1刷発行

編　者　NPO法人区画整理・再開発対策全国連絡会議
著　者　岩見良太郎・波多野憲男・島田昭仁・
　　　　今西一男・遠藤哲人
発行者　長平　弘
発行所　㈱自治体研究社
　　　　〒162-8512 東京都新宿区矢来町123　矢来ビル4F
　　　　TEL：03・3235・5941／FAX：03・3235・5933
　　　　http://www.jichiken.jp/　E-Mail：info@jichiken.jp

ISBN978-4-88037-704-9 C0036　　　　印刷・製本／中央精版印刷株式会社
DTP／赤塚　修

自治体研究社 ─────────

公共サービスの産業化と地方自治
──「Society 5.0」戦略下の自治体・地域経済

岡田知弘著　　定価（本体 1300 円＋税）

公共サービスから住民の個人情報まで、公共領域で市場化が強行されている。変質する自治体政策や地域経済に自治サイドから対抗軸を示す。

「自治体戦略 2040 構想」と自治体

白藤博行・岡田知弘・平岡和久著　　定価（本体 1000 円＋税）

「自治体戦略 2040 構想」研究会の報告書を読み解き、基礎自治体の枠組みを壊し、地方自治を骨抜きにするさまざまな問題点を明らかにする。

人口減少時代の自治体政策
──市民共同自治体への展望

中山　徹著　　定価（本体 1200 円＋税）

人口減少に歯止めがかからず、東京一極集中はさらに進む。「市民共同自治体」を提唱し、地域再編に市民のニーズを活かす方法を模索する。

公民館はだれのもの
──住民の学びを通して自治を築く公共空間

長澤成次著　　定価（本体 1800 円＋税）

公民館に首長部局移管・指定管理者制度はなじまない。住民を主体とした地域社会教育運動の視点から、あらためて公民館の可能性を考える。

公民館はだれのもの　Ⅱ
──住民の生涯にわたる学習権保障を求めて

長澤成次著　　定価（本体 2000 円＋税）

文部科学省組織再編・第 9 次地方分権一括法は〈社会教育法〉を形骸化しようとしている。公民館を支えてきた法規の意義を今、再確認する。